昌明文庫·悅讀人物

中華五千年軍事家評傳

崔振明　主編

前　言
Preface

　　為了「弘揚中華當代主旋律，掀起少年國學熱旋風」，把中小學生讀物做得更全面，更適合他們積累知識、提高閱讀能力，我們傾力打造了「中華歷史名人略傳」叢書。這是我們以中華五千年國學精髓為基點，由資深教育理論專家共同參與策劃，推出的當代青少年智慧閱讀經典叢書之一。

　　我們中華民族自古就是禮儀之邦，青少年兒童是我們偉大文明的繼承者。青少年教育要從我做起、從現在做起，引領他們去了解、學習、發揚中華民族的文化精髓，樹立他們「遵紀守法、公平正義、誠信友愛」的思想意識，時刻宣導他們弘揚當代主旋律。特別是在新時期，構建和諧社會，樹立少年兒童的社會主義榮辱觀顯得尤其重要。

　　傳承中華國粹，弘揚傳統文化。傳統文化的復興必須從孩子們身上著手，培養他們「天下興亡，匹夫有責」的愛國情操；「己所不欲，勿施於人」的待人之道；吃苦耐勞、勤儉持家、尊師重教的傳統美德，中華文明才能世代相傳。

　　中華上下五千年的歷史，其實就是一幕幕人間的活話劇，這些名人不但用自身的人格魅力影響著歷史的進程，而且還無時無刻不將我們的華夏文明傳播四方。由此可見，如何挖掘和發揚傳統文化，古為今用，成為當代教育所面臨的重要課題。

　　「中華歷史名人略傳」叢書將中華上下五千年的中國歷史名人，選擇經典代表性的人物進行了分門別類，共分為五大名家，其中包括政治家、思想家、軍事家、文學家、科學家。同時，書中將他們的思想、行為、所取得的成就及歷史評價進行了深入的剖析和解讀。

　　「中華歷史名人略傳」叢書，故事通俗易懂，會使讀者耳目一新，受益匪淺，一定會成為當代青少年最喜愛的教育讀本。精彩的專家品析，也一定能成為當代關心孩子教育的家長們的良師益友。

　　對軍事活動實施正確指引或是擅長具體軍事行動實施的人，一般被稱為軍事家。軍事家多為軍隊最高統帥或高級將領，籠統地概括為戰略家、戰術家和軍事理論家。我國古代軍事家群星璀璨，在世界軍事史上產生了深遠的影響。我國古代的軍事家們首次揭示了「知彼知己，百戰不殆」這一戰爭的普遍規律，總結了若干至今仍有價值的作戰指導原則，很多軍事家們還創作了不朽的軍事名著。

　　軍事家有為了國家的利益鞠躬盡瘁、以身殉國的軍事英雄，也有為了民族的利益金戈鐵馬、征戰疆場、馬革裹屍的民族英雄，這些偉大的歷史人物，對推動中華歷史的發展起了很大的作用。本書對我國歷史上軍事家及他們所經歷的重大歷史事件進行了客觀描述，並對他們的軍事理論及對歷史進程的影響做了精彩的評點。《中華五千年軍事家評傳》一定會成為青少年讀者一本理想的教育讀本。

編　者

2012 年 3 月

目　次

Contents

目　　次

Contents

目　次
Contents

目 次
Contents

目　次
Contents

01 輔佐武王建周朝，
經典兵書著《六韜》

—— 姜子牙·西周

▌生平簡介

姓 名	呂尚。
別 名	太公望、姜子牙、姜太公。
出 生 地	東海上（今安徽臨泉縣姜寨鎮）。
生 卒 年	約西元前一一二八至前一〇一五年。
身 份	軍事家、政治家、丞相。
主要成就	輔佐周武王建立周朝，著《六韜》。

▌名家推介

姜子牙（約西元前 1128-約前 1015），字子牙，也稱呂尚，他被尊稱為太公望，後人多稱其為姜子牙、姜太公。

他是周武王滅殷商的最高軍事統帥，西周的開國元勳，齊國的締造者，齊文化的創始人。他更是中國古代一位影響久遠的傑出韜略家、軍事家和政治家。歷代典籍都公認他的歷史地位，儒、道、法、兵、縱橫諸家都尊他為本家人物，被尊為「百家宗師」。

▌名家故事 ─────

　　殷紂王暴虐無道，荒淫無度，朝政腐敗，百姓怨聲載道。西部的周國由於西伯侯姬昌倡行仁政，實行勤儉立國和裕民政策，人心安定、國勢日強，天下民眾傾心於西周，四方諸侯也都望心依附。壯心不已的姜尚，聽說姬昌為了治國興邦，正在廣求天下賢能之人，便毅然離開了正在為官的殷商都城朝歌，來到渭水之濱的西周領地，終日垂釣於小溪邊，以靜觀世態的變化，等待時機出山輔佐明主。

　　姜太公的釣魚方法很特別，他的釣鉤是直的，上面不掛魚餌，也不沉到水裏，離水面三尺高。他一邊高高舉起釣竿，一邊自言自語說：「不想活的魚兒呀，你們願意的話，就自己上鉤吧！」一天，文王出外狩獵，占卜一卦，卦象上說：「捕獲的不是龍、不是虎，也不是熊，而是獨霸天下的輔臣。」於是，文王西出狩獵，果然遇到在渭水上釣魚的姜尚。兩人一見如故，傾心暢談國事。文王大喜說：「我的祖先曾經預言說：『將來會有聖人到達周邦，幫助周國振興。』難道說的就是您嗎？我的祖先太公盼望您已經很久了。」於是稱姜尚為「太公望」，封為西周的國師。

　　不久，商紂王懷疑周文王要圖謀商朝天下，於是將周文王拘押在都城的監獄。姜尚想方設法廣求天下美女和奇玩珍寶，獻給紂王，贖出了文王。

　　文王歸國後，便與姜尚暗地裏謀劃如何推翻商朝政權，姜尚輔佐文王制訂了一系列滅商的計畫。武王繼位後，姜尚更是為了西周的大業，勵精圖治，西周國力更加強盛。九年之後，一切準備工作趨於就緒，聯合各國諸侯共同東討殷商，西周以姜尚統帥大軍一路東進。國師姜尚左手拿著黃鉞，右手拿著白旄發誓說：「各方諸侯，帶領你們

的軍隊和你們的舟船，齊來彙集，逾期不到，將興師屠戮。」他率軍到達孟津時，聞訊而來的諸侯竟有八百多家，可見當時周國的威望之高。又過了兩年，昏庸暴虐的商紂王殺了丞相比干，囚禁了其子。武王認為正是討伐紂王的最佳時機，但是兵未出行，卻遇到暴風雨。眾大臣都很恐懼，只有姜尚堅持出兵，武王最終聽從了姜尚的意見，周軍渡過黃河與諸侯軍隊會師。各個諸侯國也不堪忍受商紂王的殘暴統治，不少國君親自趕來會盟，總兵力達到五萬人左右。進軍的路上，諸侯大軍與商朝軍隊並無大的交戰，很快攻打到了殷商的都城朝歌城外的牧野，這裏是通向朝歌的要道，聯軍沒有貿然進攻，而是停下來開始佈陣。從關中出發到兵臨朝歌，在姜尚的指揮下，總共用了一個月的時間。

聯軍佈陣未完就下起了雨，後來冒雨完成了佈陣。諸侯國聯軍共有「六師」。前面是武王的三百乘戰車，三千名虎賁「裝甲師」，在姜尚指揮下為第一梯隊。其餘諸侯國　的部隊四萬多人分為五個「師」，在後面組成方陣，為第二梯隊。第二天拂曉，武王派姜尚在眾軍面前進行誓師，接著，武王慷慨激昂地說：「俗話說，母雞司晨，是家中的不幸。現在紂王只聽信婦人之言，連祖宗的祭祀也廢棄了。他不任用自己的王族兄弟，卻讓逃亡的奴隸擔任要職，讓他們去危害貴族，擾亂商國。今天，我姬發是執行上天的懲罰！……戰士們，努力呀！」

在戰術運用方面，姜尚攻心為上，親率百夫長的大卒精兵首先向商軍發起衝鋒。商軍紛紛投降，讓開通道，武王隨即指揮全軍奮力衝殺。雙方大戰一日一夜，商軍大勢已去，紂王逃奔朝歌，登上鹿臺，自焚而死。武王率領眾諸侯進入朝歌，安撫商民。這就是由軍事家姜尚指揮的著名的牧野之戰，以西周和諸侯國的勝利而告結束。至此，

統治中原近七百年的商王朝滅亡，周王朝取而代之。

周朝建國之後，將姜尚封在齊國，都城營丘。姜尚來到齊國，開始改革政治制度，他順應當地的習俗，大力發展商業，讓百姓享受各種福利待遇，齊國很快成為當時的富國之一。

姜太公死於周康王六年十月二十日，終年一三九歲，葬於衛輝太公泉。

▌專家品析 ─────────

姜太公是一位滿腹韜略的賢臣和非凡的政治家、軍事家，一直受歷代統治者推崇。他被後世稱為韜略鼻祖、千古武聖。他有一部曠世兵書流傳於世，即《六韜》。

姜太公已去世三千餘年了，人民崇拜他的高尚人格，懷念他的豐功偉績，以樸實的感情編出很多神話故事歌頌他。到了明代許仲琳編了一部《封神演義》，把他說成是冊封天下諸神的神公，姜太公的神奇和威嚴，成為驅邪扶正的偶像。《太平御覽》和《封神記》等書逐步把他神化了，說他曾在崑崙學道，後奉師命下山助周滅商，滅商之後又奉師命放榜封神。這些雖然超出了歷史的真實，但卻反映出他在人們心目中的崇高地位。

▌軍事成就 ─────────

《六韜》，又稱《太公六韜》、《太公兵法》、《素書》，周朝初年姜子牙所著。《六韜》是一部集先秦軍事思想大成的著作，對後代的

軍事思想有很大的影響，被譽為兵家權謀類的始祖。

後人演繹的《六韜》共分六卷。文韜——論治國用人的韜略；武韜——論用兵的韜略；龍韜——論軍事組織；虎韜——論戰爭環境以及武器與佈陣；豹韜——論戰術；犬韜——論軍隊的指揮訓練。

02 東方兵學鼻祖開，百世兵家宗師始

—— 孫武·春秋

生平簡介

姓　　名	孫武。
別　　名	孫子。
出 生 地	齊國樂安（今山東惠民）。
生 卒 年	約西元前五三五年，卒日不詳。
身　　份	軍事家、軍事理論家。
主要成就	率領吳國軍隊大破楚國軍隊，著有《孫子兵法》十三篇。

名家推介

　　孫武（約西元前 535-？），字長卿，春秋時代齊國樂安（今山東惠民）人，吳國名將。孫武是中國古代最偉大軍事理論家，其主要戰績有：率領吳國軍隊大破楚國軍隊，佔領了楚的國都郢城，幾乎剿滅楚國。

　　孫武著有巨作《孫子兵法》十三篇，被後世兵家所推崇，被譽為「兵學聖典」，為兵書《武經七書》之首，被譯為英、法、德、日文，成為國際最著名的兵學典範之書。該書目前已成為美國西點軍校的必

修典籍。

▌名家故事 ────────

　　孫武到了吳國，被伍子胥引薦給吳王闔閭，通過練兵強國，取得了吳王的賞識。在伍子胥、孫武的治理下，吳國的內政和軍事都大有起色。吳王極為器重兩人，把他們兩人視為左臂右膀。一天，吳王同孫武討論起晉國的政事。吳王問：「晉國的大權掌握在范氏、中行氏、智氏和韓、魏、趙六家大夫手中，將軍認為哪個家族能夠強大起來呢？」孫武回答說：「范氏、中行氏兩家最先滅亡。」「為什麼呢？」吳王追問道。「是根據他們的田地、收取租賦以及士卒多少、官吏貪廉做出判斷的。以范氏、中行氏來說，六卿之中，這兩家的田產最少，收取的租稅最重，高達五分抽一。公家賦斂無度，百姓自然貧困；官吏眾多而又驕奢，軍隊龐大而又屢屢興兵，長此下去，必然眾叛親離、土崩瓦解。」吳王見孫武的分析切中兩家的要害，很有道理。接著君臣展開討論，孫武對晉國六卿興亡的一系列很有條理的論斷，就像是給吳王獻上了治國安民的良策。吳王聽了深受啟發，高興地說道：「將軍論說得很好，寡人明白了，君王治國的正道，就是要愛惜民力，不失人心。」

　　孫武與伍子胥共同輔佐闔閭治國整軍，制定了以破楚為首要任務，繼而向南征服越國，然後再圖謀中原的爭霸方略。西元前五一二年，吳軍攻克了楚的屬國鍾吾國、舒國，吳王準備攻楚，孫武認為百姓勞苦，現在還不到時機，應再等待。伍子胥則提出疲楚的戰略，建議把部隊分為三軍，採用每次用一軍去襲擊楚國的邊境的戰法來讓楚

軍疲憊，消耗楚軍的實力。闔閭採納了這個意見，反復襲擾楚國達六年之久，使楚軍疲於奔命，為大舉攻楚創造了條件。孫武和伍子胥還根據楚與唐、蔡兩國關係不和，楚國令尹子常生性貪婪，因索賄得不到滿足而拘留蔡、唐國君，蔡、唐兩國對楚國極其怨恨等情況，建議聯合唐、蔡做襲楚之計。蔡、唐雖是小國，但居於楚的側背，這就為吳軍避開楚軍正面，從其側背做深遠戰略迂迴提供了有利條件。西元前五〇六年，吳國攻楚的條件成熟，孫武與伍子胥輔佐闔閭大舉攻楚，孫武等人協助闔閭制訂了一條出乎楚國意料的進軍路線，從淮河逆流西上，然後在淮油棄舟登陸，再穿過楚軍北部邊境守備薄弱的空隙，從義陽三關直插漢水。吳軍按照這一進軍路線，順利地到達漢水，進抵楚國腹地。楚軍沿漢水組織防禦，同吳軍隔水對陣。由於楚軍主帥令尹子常擅自改變預定的夾擊吳軍的作戰計畫，為了爭功，單獨率軍渡過漢水進攻吳軍，結果在柏舉戰敗。吳軍乘勝追擊，五戰五勝，佔領了楚的國都郢城，幾乎滅了楚國。

　　吳國從此強盛起來，開始了討伐越國的戰爭。在一次與越國的戰爭中，闔閭受傷不久病死，太子夫差繼承王位，孫武和伍子胥整頓軍備，以輔佐夫差完成大業。西元前四九四年春天，越王勾踐調集軍隊從水上向吳國進發，夫差率十萬精兵迎戰於夫椒，在孫武、伍子胥的策劃下，吳軍在夜間佈置了許多詐兵，分為兩翼，高舉火把，在黑暗的夜幕中吳軍乘勢總攻，大敗越軍，勾踐在吳軍的追擊下帶著五千名殘兵敗將跑到會稽山上的一個小城中抵抗，由於被吳軍團團包圍，勾踐只得向吳王屈辱求和，夫差不聽伍子胥勸阻，同意了勾踐的求和要求。

　　吳國的爭霸活動在南方地區取得勝利後，便向北方中原地區進逼，西元前四八五年，夫差聯合魯國大敗齊軍。西元前四八二年，夫

差又率領數萬精兵，由水路北上，到達黃池，與晉、魯等諸侯國君會盟。吳王夫差在這次盟會上，以強大的軍事力量為後盾，爭得霸主的地位。

隨著吳國霸業的蒸蒸日上，夫差漸漸自以為是，不再像以前那樣勵精圖治，對孫武、伍子胥這些功臣不再那麼重視，反而重用奸臣伯嚭。越王勾踐為了消沉吳王鬥志、迷惑夫差，達到滅吳目的，一方面在做吳王人質的同時臥薪嚐膽，一方面選美女西施（鄭旦）入吳。西施入吳後，夫差大興土木，建築姑蘇臺，日日飲酒，夜夜笙歌，沉醉於酒色之中。孫武、伍子胥認為：勾踐被迫求和，一定還會想辦法報復，因此必須徹底滅掉越國，絕不可姑息養奸留下後患。但夫差聽了奸臣的挑拔，不理睬孫武、伍子胥的苦諫。由於伍子胥一再進諫，夫差大怒，竟然製造藉口，逼迫他自盡，最後命人將伍子胥的屍體裝在一隻皮袋裏，扔到江中。伍子胥的死，給了孫武一個沉重的打擊。他的心完全冷了，他意識到吳國已經不可救藥。孫武深知「飛鳥盡，良弓藏；狡兔死，走狗烹」的道理，於是便悄然歸隱，根據自己訓練軍隊、指揮作戰的經驗，修訂兵法十三篇，使它更加完善。

▌專家品析

孫武是齊國人，因避難到吳國，受到吳王闔閭的重用。他指揮吳軍以少勝多，三次擊敗強大的楚國，使吳國成為春秋戰國霸主之一。孫武所著《孫子兵法》被後人奉為軍事經典，被翻譯成多國文字流傳於世，也成為後世商戰教科書。

孫武是生活中的智者，功成之後急流勇退。兵家智慧流傳千古，直到今天他的智慧依然閃爍著異樣的光輝。

▌軍事成就 ————————

　　《孫子兵法》又稱《孫武兵法》、《孫武兵書》等，是中國古典軍事文化遺產中的璀璨瑰寶，是中國優秀文化傳統的重要組成部分，是世界三大兵書之一，其內容博大精深，思想精邃深刻，邏輯縝密嚴謹。

03 鬼谷門下比高低，
各為其主爭霸業

——孫臏・春秋

▌生平簡介

姓　　名　孫臏。

本　　名　孫伯靈。

出 生 地　山東。

生 卒 年　？至前三一六年。

身　　份　軍事家、軍事理論家。

主要成就　幫助齊國奠定了戰國霸主地
位，著有《孫臏兵法》。

▌名家推介

　　孫臏（？至前 316），本名孫伯靈。漢族，山東鄄城人，生於戰
國時期的齊國阿鄄之間（今山東省的陽谷縣阿城鎮、鄄城縣北一
帶）。

　　他是中國戰國時期軍事家，孫武後代。馬陵之戰，孫臏利用龐涓
的弱點，以減灶示弱，製造假象，誘其就範，此戰是中國戰爭史上設
伏殲敵的著名戰例。同時馬陵之戰奠定了齊國在戰國期間的霸主地
位，從此，齊國威震天下，出現了「諸侯東面朝齊」的強盛局面。

名家故事 ————

　　孫臏曾經和龐涓一道學習兵法，後來，龐涓雖然擔任了魏惠王的將軍，但是認為自己的才能比不上孫臏，於是暗地裏派人請孫臏來到了魏國。龐涓害怕他比自己有才幹，很妒忌他，就捏造罪名，根據法律用刑挖去了他兩腿膝蓋骨並在他臉上刺上字，想使孫臏這輩子再也不能在人前露面。

　　有一次，齊國的使者到魏國都城大梁來，孫臏以一個受過刑罪犯的身份暗中會見了齊使，向他遊說。齊使認為孫臏的才能奇異，就偷偷地載著孫臏回到了齊國，齊國將軍田忌認為孫臏很有才能，像對待客人一樣對待他。

　　田忌多次和齊國公子們賽馬，下很大的賭注，孫臏看到田忌馬的足力和對手相差不很大。比賽的馬分有上、中、下三個等級，因此孫臏對田忌說：「您只管下大賭注，我能夠使您獲勝。」田忌相信孫臏，就跟齊王和諸公子下千金的賭注比賽。臨比賽之前，孫臏對田忌說：「現在用您的下等馬去和對方的上等馬比賽，拿您的上等馬去和對方的中等馬比賽，再拿您的中等馬和對方的下等馬比賽。」三個等級的馬都比賽完畢，田忌負了一場卻勝了兩場，終於贏得了齊王的千金賭注。於是田忌推薦孫臏給齊威王，齊威王向孫臏請教兵法，把孫臏當成老師。

　　後來，魏國攻打趙國。趙國危急，向齊國請求救援，齊威王想任命孫臏為將，孫臏婉言推辭說：「一個受過刑的人不能為將。」於是任命田忌為大將，任命孫臏做軍師，讓他在有帷幕的車上坐著出謀策劃。田忌想要帶領軍隊到趙國去解圍，孫臏說：「解亂絲不能整團地抓住了去硬拉，勸解打架的人不能在雙方相持很緊的地力去搏擊，只

要擊中要害，衝擊對方空虛之處，形勢就會有所改變，危急的局面也就因此自行解除了。現在魏國和趙國打仗，魏國輕裝精銳的士兵必定全部集中在國外，老弱兵士留在國內。您不如率領部隊迅速奔赴魏國都城大梁，佔領它的要道，攻擊它空虛之處，他們一定會放棄圍趙而回兵解救自己。此舉既可解除趙國被圍的局面，又可收到使魏國疲憊的效果。」田忌聽從了孫臏這一建議，魏國的軍隊果然丟下趙國的都城邯鄲，撤兵回國，和齊軍在桂陵交戰，魏軍被打得大敗。

西元三四二年，魏國派兵攻打韓國，韓國派人向齊國求援。韓國得到齊國答應救援的允諾，人心振奮，竭盡全力抵抗魏軍進攻，但結果仍然是五戰皆敗，只好再次向齊國告急。齊威王抓住魏、韓皆疲的時機，任命田忌為主將，田嬰為副將率領齊軍直趨大梁，孫臏在齊軍中充任軍師，居中調度統帥全軍。

魏國眼見勝利在望之際，又是齊國從中作梗，憤怒自不必說，於是決定放過韓國，轉將兵鋒指向齊軍，其用意不言而喻，好好教訓一下齊國，省得它日再同自己爭奪霸主地位。魏惠王於是命太子申為上將軍，龐涓為將，率雄師十萬之眾，氣勢洶洶撲向齊軍，企圖同齊軍一決勝負。

這時齊軍已進入魏國境內縱深地帶，魏軍尾隨而來，一場鏖戰是無可避免。仗該怎麼打，孫臏胸有成竹，指揮若定。他針對魏兵強悍善戰，素來蔑視齊軍的實際情況，正確判斷魏軍一定會驕傲輕敵、急於求戰、輕兵冒進。根據這一分析，孫臏認為戰勝貌似強大的魏軍是完全有把握的，方法不是別的，就是要巧妙利用敵人的輕敵心理，示形誤敵，誘其深入，爾後予以出其不意的致命打擊，他的想法得到主將田忌的完全贊同。於是在認真研究了戰場地形條件之後，定下減灶誘敵、設伏聚殲的作戰方針。

戰爭的進程完全按照齊軍的預定計劃展開。齊軍與魏軍剛一接觸，就立即佯敗後撤，為了誘使魏軍進行追擊，齊軍按照孫臏預先的部署，施展了「減灶」的高招，第一天挖了十萬人煮飯用的灶，第二天減少為五萬灶，第三天又減為三萬灶，造成在魏軍追擊下，齊軍士卒大批逃亡的假象。

龐涓雖然曾與孫臏受業於同一位老師鬼谷子先生，可是水準卻與孫臏相差一大截。接連三天追下來以後，他見齊軍退卻避戰而又天天減灶，便不禁得意忘形起來，武斷地認定齊軍鬥志渙散，士卒逃亡過半，於是丟下步兵和輜重，只帶著一部分輕裝精銳騎兵，晝夜兼程追趕齊軍。孫臏根據魏軍的行動，判斷魏軍將於日落後進至馬陵，這一帶道路狹窄，樹木茂盛，地勢險阻，實在是打伏擊戰的絕好地帶。於是孫臏就利用這一有利地形，選擇齊軍中一萬名善射的弓箭手埋伏於道路兩側，規定夜裏以火光為號，一齊放箭，並讓人把路旁一棵大樹的皮剝掉，在上面書寫「龐涓死於此樹之下」的字樣。

龐涓的騎兵果真於孫臏預計的時間進入齊軍預先設伏區域。龐涓見剝皮的樹幹上寫著字，但看不清楚，就叫人點起火把照明，字還沒有讀完，齊軍便萬箭齊發，給魏軍以沉重的打擊，魏軍頓時驚恐萬狀，大敗潰亂。龐涓頓時醒悟方知中計，剛要下令撤退，齊軍伏兵已是萬箭齊發。魏軍進退兩難，陣容大亂，自相踐踏，死傷無數，龐涓自知厄運難逃，大叫一聲：「一招不慎，遂使豎子成名！」拔劍自刎。齊軍乘勝追擊，正遇太子申率後軍趕到，一陣衝殺，魏軍兵敗如山倒，齊軍生擒太子申，大獲全勝。史稱此戰為「馬陵之戰」，稱孫臏的戰法為「減灶之計」。此戰後，魏國由盛轉衰，孫臏也因善於用兵而名揚天下，世人皆傳習他的兵法。

▌專家品析

　　《孫臏兵法》是戰國時期戰爭實踐的理論總結，繼承了前輩軍事家的優秀成果，又對這些成果進行了發揮創造，在我國的軍事思想史上佔有重要地位。

　　《孫臏兵法》作為兩千多年前的歷史文化遺產，自然會有局限和不足。它雜有陰陽五行的神秘成分，認為日月星辰可以影響戰爭的勝負，有時對於戰爭中的地形等物質條件看得過於片面和絕對，但這些缺點和不足並不影響它的價值。

▌軍事成就

　　《孫臏兵法》十六篇，在繼承孫武、吳起軍事思想的基礎上，又有了新的發展。孫臏在兵法中闡述了戰爭是政治鬥爭工具的戰爭觀。

04 曹劌論戰傳千古，
一戰功成後世名

—— 曹劌·春秋

生平簡介

姓　　名	曹劌。
別　　名	曹沫。
出 生 地	春秋時魯國（今山東省東平縣）。
生 卒 年	不詳。
身　　份	軍事理論家。
主要成就	指揮長勺之戰。

名家推介

　　曹劌，生卒年不詳，春秋時魯國（今山東省東平縣）人。春秋時期著名的軍事理論家。

　　齊桓公派兵攻魯，當時齊強魯弱，兩軍在長勺相遇，魯軍按兵不動，齊軍三次擊鼓發動進攻，均未奏效，士氣低落。最後以齊國的失敗、魯國的勝利而告終，歷史上將此戰作為弱軍對強軍作戰的經典戰例，稱「長勺之戰」，是曹劌作為一代軍事家的經典傑作。

▌名家故事 ————————

　　齊國和魯國都是西周初年分封的重要諸侯國，又互相毗鄰，在當時春秋動盪局面下，不免發生各種矛盾，而矛盾衝突的激化，又勢必造成兩國間兵戎相見的結果。繼位不久的齊桓公，不聽主政大夫管仲內修政治、外結盟國、待機而動的意見，於周莊王十三年春發兵攻魯，企圖一舉征服魯國，魯莊公聞報齊軍大舉來攻，決定動員全國的力量，同齊軍一決勝負。

　　魯國有一位名叫曹劌的人，認為當政者庸碌無能，未能遠謀。他不忍心看到自己的國家遭受齊國軍隊的蹂躪，因而來見魯莊公，曹劌詢問莊公依靠什麼同齊國作戰。魯莊公說：「我因為有以下幾個方面的優勢，對於衣物食品之類的東西，我總是要分賜給臣下，不敢獨自享用。」曹劌說：「這樣做不過是小恩小惠，不能施及全國，民眾是不會出力作戰的。」魯莊公又接著說：「我對神明是很虔敬的，祭祀天地神明的祭品從不敢虛報，很守信用。」但曹劌接著回答莊公說：「對神守點小信，未必能感動神明，神也不會降福的。」魯莊公想了一下又補充道：「對待民間的大小獄訟，我雖然不能做到明察秋毫，但是必定酌情予以處理。」曹劌這時才說：「這倒是盡到了君主的責任，為老百姓辦了好事，具備了同齊國決一勝負的基本條件。」同時，他請求隨同魯莊公奔赴戰場，魯莊公答應了他的這一請求，讓他和自己同乘一車前往齊魯兩軍對峙的長勺。

　　齊國由於是春秋時的大國，而且在歷次戰爭節節勝利，齊國大將鮑叔牙以下將士都輕視魯軍，認為不堪一擊，於是發起聲勢洶湧的攻擊，魯莊公見齊軍攻擊魯軍陣地，就要擂鼓下達應戰的命令。曹劌勸阻說：「齊兵勢銳，我軍出擊正合敵人心願，沒有把握勝利，我們此

刻適合以靜制動，不能出擊。」莊公聽從他的建議，命令魯軍固守陣
地，只令弓弩手發射弓箭，以穩住陣勢。齊軍沒有廝殺的對手，又衝
不進魯軍陣地，反而受到魯軍弓弩猛射而無法前進，只得向後撤退。
經過稍事休整，鮑叔牙又下令展開第二次攻擊，曹劌勸莊公仍然不要
出擊，繼續固守陣地。齊軍攻勢雖猛，但仍攻不進魯軍陣內，接連的
兩次進攻，都沒有奏效，齊軍士氣不免疲憊，不得不又退回到自己的
陣地。

　　齊軍兩次進攻，魯軍都沒有應戰，鮑叔牙和齊軍將領都認為魯軍
膽怯不敢應戰，決定再次發動進攻。於是齊軍聲勢浩大的第三次進
攻，很快出現於魯軍面前。曹劌看到這次齊軍來勢雖猛，但勢頭沒有
上兩次猛，認為出擊時機已到，立即向莊公提出反擊齊軍的建議。莊
公親自擂起戰鼓，發出攻擊命令，魯軍將士聞令，士氣高昂，奮勇出
擊，爭先恐後，銳不可擋，把齊軍打得七零八落，潰不成軍，節節敗
退，魯軍獲得了決定性的勝利。

　　魯軍戰勝，莊公傳令追擊。曹劌認為齊國是大國，兵力素來強
盛，不容易判定是否真正失敗，很可能另有埋伏，阻止莊公下達追擊
令，他登上戰車向敗退的齊國軍隊眺望，見齊軍旗鼓雜亂，兵器丟得
到處都是，又下車觀察到齊軍戰車的車轍十分混亂，判定齊軍是真正
潰敗，才向莊公提出大膽追擊的建議。莊公下令，魯軍猛追猛打，給
齊軍以沉重打擊，俘獲大量甲兵和輜重，於是把齊軍趕出國境。

　　魯軍獲勝後，魯莊公向曹劌詢問取勝的原委。曹劌回答說：「用
兵打仗所憑藉的是勇氣，第一次擊鼓衝鋒時，士氣最為旺盛；第二次
擊鼓衝鋒，士氣就衰退了；等到第三次擊鼓衝鋒，士氣便完全消失
了。齊軍三通鼓之後，士氣已完全喪盡，而相反我軍士氣正十分旺
盛，這時實施反擊，自然就能夠一舉打敗齊軍。」接著莊公又問起為

什麼當時他不讓冒然向齊軍發動追擊。於是，曹劌說明不立即發起追擊的原因：「齊國畢竟是實力強大的國家，不可等閒視之，要謹防他們假敗設伏，才能避免我方發生不應有的失利。後來我觀察他們的車轍紊亂，望見他們的旌旗歪斜，這才大膽地建議實施戰場追擊。」一番話說得魯莊公心悅誠服，點頭稱是。

曹劌作為優秀的軍事家，他所以取勝的原因，不是靠猛打猛衝，而是靠謀略、智慧，這一點尤其讓人稱道。戰爭當中，一個優秀的謀略家，抵得上成千上萬的將士，他雖然沒有將士的勇猛，沒有將士的膂力，沒有在戰場上衝鋒陷陣，卻能憑藉智慧，以柔克剛，以弱勝強。

▌專家品析 ────────

曹劌作為傳統的軍事謀略家，不是憑藉在戰場上出生入死、浴血奮戰的經驗來指揮作戰，而是靠軍事思想來完成自己的使命。看上去他似乎沒有親身打過仗而缺乏實戰經驗，然而他從讀書識理中積累起來的智慧，足以使他從力量對比、人心向背、心理狀態、地理環境、氣候條件等天、地、人方面的因素，來把握預測決定整個戰爭的進程。

曹劌論戰所敘述的原則和長勺戰例，成為中國後世「後發制人」防禦戰略思想的寶貴借鑒。

▎軍事成就 ─────────

曹劌打仗不是猛打猛衝，而是依靠謀略和智慧。戰爭當中，一個優秀的謀略家抵得上成千上萬的將士。他雖然沒有將士的勇猛，卻能憑藉智慧，以柔克剛，以弱勝強，以小取大。

05 子胥盜墓開先河，誓雪國恨與家仇

—— 伍子胥 · 春秋

▌生平簡介

姓　　名	伍子胥。
名　　員	員。
出 生 地	楚國。
生 卒 年	？至前四八四年。
身　　份	軍事家、謀略家。
主要成就	助吳滅楚，著有軍事著作《蓋廬》。

▌名家推介

　　伍子胥（？至前 484），名員，字子胥，楚國人。春秋末期吳國大夫、軍事家、謀略家。

　　伍子胥父兄被楚君所殺，他為報殺父兄之仇，忍辱負重，投奔吳國，幫助闔閭刺吳王僚，奪取王位，整軍經武，國勢日盛，不久攻破楚國，終於報仇雪恥。吳王夫差時，勸吳王拒絕越國求和並停止伐齊，漸被疏遠，吳王賜劍命他自殺。伍子胥的一生可謂艱難、壯烈、悲勇。

名家故事

　　楚平王聽信讒言，設計殺害了伍子胥的父親和兄長，伍子胥逃奔他國，楚兵一路追殺。伍子胥輾轉到了離昭關六十里的一座小山下，從這裏出了昭關，便是大河，就是徑直通往吳國的水路，然而，此關被楚國把守很難過關。

　　扁鵲的弟子東皋公就住在山中，他從懸賞令上認出了伍子胥，很同情伍子胥的冤屈與遭遇，決定幫助他。東皋公把他帶進自己的居所。一連七日，不談過關之事，伍子胥實在熬不住，急切地對皋公說：「我有大仇要報，度日如年，這幾天耽擱在此，就好像死去一樣，先生有什麼辦法呢？」東皋公說：「我已經為你籌畫了可行的計策，只是要等一個人來才行。」伍子胥滿腹狐疑，寢不能寐，他想告別皋公而去，又擔心過不了關反而惹禍；若是不走不知還要等多久。如此翻來覆去，心裏像扎上了芒刺，臥而復起，繞屋而轉，好不容易捱到天亮。東皋公一見他大驚說：「你怎麼一夜之間頭髮全白了？」伍子胥一照鏡子，果然頭髮全白了，不由暗暗叫苦。皋公反而大笑道：「我的計策成了。幾天前，我已派人請我的朋友皇甫訥來，他跟你長得像，我想讓他與你換掉衣服蒙混過關。你現在頭髮白了，不用化妝，別人也認不出你來，就更容易過關了。」

　　當天，皇甫訥如期到達，皋公把皇甫訥扮成伍子胥模樣，伍子胥扮成僕人，一路前往昭關，守關將領遠遠看見皇甫訥，以為是伍子胥來了，傳令所有官兵全力緝拿，伍子胥趁亂過了昭關。

　　伍子胥入吳後，了解到吳公子姬光想推翻吳王僚而自立，伍子胥為了利用姬光和吳的力量攻打楚國，報父兄之仇，便幫助姬光刺殺了吳王僚，自立為王，這就是吳王闔閭。闔閭登位後，任命伍子胥為行

人，協助自己管理國家大事，任命另一個從楚國逃亡出來的貴族伯為大夫，又舉薦深通兵學的大軍事家、齊國人孫武為大將。為了鞏固和擴大吳國的統治，伍子胥向吳王進言要安撫百姓，這樣才能強國興霸，闔閭採納了他的建議，委託伍子胥築城郭、設守備、實倉廩、治兵庫。從此吳國的政治、經濟和軍事力量逐漸得到加強，闔閭圖謀大舉攻楚。

周敬王八年，伍子胥鼓動吳王出兵攻楚，闔閭採納了他的建議，於次年先後出兵攻佔了楚國的夷、潛、六，進而圍弦，襲擾楚國達六年之久，迫使楚軍被動應戰，疲於奔命，實力大為削弱，為大舉攻楚創造了有利條件。

西元前五〇六年冬，吳王闔閭親率伍子胥、孫武、伯等，出兵沿淮水攻打楚國。由楚國防備薄弱的東北部實施大縱深戰略突襲，直搗楚腹地。吳軍以靈活機動的戰法，擊敗楚軍主力於柏舉，並展開追擊，長驅直入攻入楚都郢城，終於破楚之功。

周敬王二十四年，越王允常死，其子勾踐繼承王位。吳國乘機攻越，越軍利用吳軍的疏忽，採取偷襲戰術打敗吳軍，斬傷闔閭的腳大姆指，闔閭重傷身亡，將死時囑咐太子夫差勿忘越國殺父之仇。夫差繼承王位後，任命伍子胥為相國，伯為太宰，積極訓練軍隊，重振吳國軍事力量。周敬王二十六年，吳為報前仇，出動精兵在夫椒大敗越軍，越王勾踐派人向吳王求和，吳王夫差將要應允，伍子胥表示反對，但吳王夫差爭霸中原心切，不聽伍子胥勸阻，與越國達成和議，准許越國成為吳國的屬國，囚禁勾踐和大夫范蠡三年。伍子胥悲憤地說：「越國經過十年養息，再總結十年被滅國的教訓，二十年之後，我吳國必被越國所滅！」

周敬王三十六年，夫差聽說齊景公死，齊國內亂，要發兵攻齊，

伍子胥勸諫說：「吳國有越國這個心腹大患，希望大王先把越國徹底解決了。」但夫差認為越國已經臣服，構不成任何威脅，因而執意率軍攻齊，大敗齊國軍隊於艾陵，夫差更加驕傲自負。在吳國攻齊的四年中，越王勾踐用子貢之謀，一面率越軍助吳以示忠心，一面以重金賄賂太宰伯嚭，使伯在吳王面前為越王說好話。吳王受了伯嚭的挑唆，後來不僅不信任伍子胥的計謀，反而懷疑伍子胥有二心，於是賜劍命其自裁。伍子胥仰天長歎道：「嗟呼！讒臣為亂矣，王乃反誅我！」慨歎完畢自刎而死。吳王聞之大怒，把子胥屍體浮在江中，吳國人憐惜他一片忠心，在江上立祠，命名叫胥山。

果然不出伍子胥所料，夫差爭霸心切，西元前四八二年，率全國精銳部隊北上黃池會盟。越王勾踐伺機調集四萬九千大軍分兩路，一路斷吳歸路，一路直搗吳都。又經笠澤之戰和對姑蘇的長期圍困，於是置吳國於死地，夫差請求講和，越王不許，夫差被迫自殺。自殺前，他用衣服掩面說：「我無面目去見子胥也！」

▌專家品析 ────

伍子胥是春秋晚期一位重要的歷史人物，他個性鮮明突出，思想豐富複雜，在治國用兵的理論和實踐上均有建樹。就軍事思想而言，伍子胥在戰略設計、戰術應用以及水戰和城防等方面都有重要的思想貢獻。總體來說，伍子胥的思想是一個以治國用兵為目的、內涵豐富的有機整體，是春秋晚期南方地區思想發展的一個縮影，帶有深刻的時代和地域烙印而留給後世。

伍子胥身上體現出一股強韌的意志力、堅韌不屈的精神。他能捨

小義，成大名，其意志非一般人可比，後人對伍子胥評價為何褒多於貶，離不開他自身的命運悲劇，也離不開歷史時代，更多的悲歡留給了後人。

▌軍事成就

《蓋廬》作為一部自成系統的兵法，主要反映了伍子胥的軍事思想，其中的兵陰陽和兵權謀思想成為伍氏兵法的最核心部分。

06 文能服人武驅敵，卻遭讒言抑鬱終

—— 司馬穰苴・春秋

生平簡介

姓　　名　司馬穰苴。

原　　名　田穰苴。

出 生 地　春秋末期齊國。

生 卒 年　不詳。

身　　份　春秋末期著名軍事家。

主要成就　治軍用兵方法，古代軍事思想史上佔有重要地位，著有《司馬穰苴兵法》。

名家推介

　　司馬穰苴，原名田穰苴，生卒年不詳，春秋末期齊國人。他是繼姜尚之後一位承上啟下的著名軍事家，曾率齊軍擊退晉、燕入侵之軍，因功勞被封為大司馬，子孫後世稱司馬氏。後因齊景公聽信讒言，司馬穰苴被罷黜，不久抑鬱發病而死。由於年代久遠，其事蹟流傳不多，但其軍事思想卻影響巨大。

　　他治軍執法如山，不畏權貴，並能平等的對待廣大士兵，從而剋敵制勝。他所著的《司馬穰苴兵法》在古代軍事思想史上佔有重要地

位。他的治軍用兵方法，被後世許多軍事將領效法。

▌名家故事 ─────

　　齊景公雖有王霸之心卻無王霸之才，在位期間貪圖淫樂，不體恤百姓。他為了滿足享樂需求，對人民盤剝無度，農民的收成要上交三分之二的重稅，以至民不聊生、眾怨沸騰。作為齊國鄰邦的晉國、燕國見齊國政局日益敗壞，以為有機可乘，於是先後進犯。晉軍侵佔齊國的阿、甄兩座城池，燕軍則一路打過齊國境內的黃河，齊軍大敗，齊都臨淄頓時岌岌可危。齊景公在此危難之際，早已束手無策。幸好朝中還有個賢相晏嬰，見識極高明。他建議齊景公起用田穰苴為將。在強敵入境、國無良將的情況下，司馬穰苴可謂受命於危難之際。一介庶民，一下子做了將軍，到底能否擔當起保家衛國的重任，齊國朝野上下都在拭目以待……

　　司馬穰苴也知道，他雖出身於田氏望族，畢竟不同於田氏家族中的達官顯貴。而且，他沒有帶兵的經歷，如今一躍成為三軍統帥，肯定難以服眾。作為將帥，如果部下不服如何指揮作戰？所以，對司馬穰苴來說，當務之急不是帶兵出征，而是立威以服眾心。司馬穰苴自然有他的辦法，他建議齊景公派一個寵臣到軍中做監軍，這樣才能壓得住陣角。齊景公有個最寵愛的佞臣叫莊賈，做監軍這個「光榮」的使命便落到了莊賈的頭上。司馬穰苴辭別齊景公時，順便與莊賈相約：「我們明天中午到軍營大門會面。」莊賈漫不經心地答應了。次日早晨，司馬穰苴先到軍中集合部隊，等待監軍莊賈，直到傍晚莊賈才醉醺醺地來到軍中。司馬穰苴立即喝令將莊賈推出斬首示眾，齊景

公聞訊大吃一驚，急忙派遣使者到軍中赦免莊賈之罪，然而來不及了，等使者趕到的時候，莊賈早已人頭落地。三軍將士見狀，都領教了這位司馬穰苴將軍的厲害，不禁對他肅然生畏。

司馬穰苴殺莊賈之後，三軍將士對他既害怕又佩服，之後，他開始施恩了。司馬穰苴對於士卒的營房和飲食以至生病醫藥之類的事都非常關心，親自檢查詢問，並將自己的糧食俸祿拿出來分給士卒，自己分到的糧食是全軍中最少的。當司馬穰苴準備與敵人開戰時，連生病的士兵也要求上陣了，三軍將士無不奮勇當先。人心都是肉長的，將軍與士兵同甘共苦，士兵也只好在戰場上捨命以報了。所以，每次出戰之日，齊軍士氣極為高漲，以至敵軍見狀，不戰而退；入侵的燕軍聞訊渡河而逃。司馬穰苴麾師追擊敵軍，奪回阿、甄二城，收復黃河兩岸，然後凱旋。司馬穰苴的軍卒都聽從他的號令、唯他馬首是瞻，這肯定會令齊景公心生憂懼。司馬穰苴料到這一點，故而在臨淄郊外與三軍將士共同盟誓要忠於齊景公，這才只帶幾個隨從進入臨淄城，這下齊景公放心了，對司馬穰苴的表現頗為滿意。為了表彰司馬穰苴為齊國立下的大功，齊景公特意率朝中大臣們迎出都門，拜司馬穰苴為大司馬。司馬穰苴任齊國大司馬後，人們於是以司馬穰苴稱呼他，此後，司馬就成了他的姓氏了。

當時齊國本來田氏已經權傾朝野，如今又有個司馬穰苴一躍而成為掌管齊國軍政的大司馬，這就不能不讓一直敵視田氏家族的鮑氏、高氏、國氏三大家族如芒刺在背。齊國的田氏、鮑氏、高氏、國氏四大家族互有矛盾，以前只是在國君面前爭風吃醋，後來是爭權奪利，而且日趨激烈。這幾大家族中，田氏的勢力最為強大。田氏的代表人物田桓子是個有心人，在齊莊公時就開始發展家族勢力。到齊景公時期，田桓子趁齊景公對民眾盤剝無度之機，用大斗出貸、小斗收進的

辦法來收買人心，贏得了齊國人民的交口稱讚。鮑氏、高氏、國氏三大家族見田氏很得人心，勢力迅速膨脹，紛紛向齊景公進讒言，欲驅逐司馬穰苴以削弱田氏勢力。

齊景公似乎也預感到田氏勢力太盛，便採納了鮑氏、高氏、國氏的意見，將司馬穰苴辭退，司馬穰苴無辜被免職，未免有些想不開。畢竟，他成為齊國的大司馬，並非憑藉田氏家族的勢力，靠的是自己的才能和軍功。如今，他卻成了四大家族爭權奪利的犧牲品，這又讓他如何想得通。可憐一代卓越的軍事家，竟因此抑鬱成病、一病不起。司馬穰苴抱恨臨終之時，充滿了惆悵與遺憾。本來，在動盪的年代裏，正是英雄豪傑揮灑胸中才學、馳騁疆場建功立業之機，誰料竟因幾句讒言，齊景公便自毀長城，使英雄無用武之地，以致英才抑鬱而終。司馬穰苴死後葬於臨淄城郊，其墓如今仍保存完好。

▌專家品析 ────────

兩千多年來，《司馬穰苴兵法》一直為兵家所重視，如班固、馬融、鄭玄、曹操、杜預、杜祐、杜牧等人都曾引用過其中的文字。司馬穰苴兵法治軍，大體上有兩個方面的特點：一是立威，一是施恩，恩威並用，執法嚴明。

在《武經七書》中，《司馬穰苴兵法》位列第三，成為兵家的必讀書。後來《司馬穰苴兵法》竟輾轉流傳到了國外。日本天明七年正式刊刻了《司馬法治要》；法國刊行法文版《司馬穰苴兵法》，並認為《司馬穰苴兵法》是世界上最早的「國際法典」。

▋軍事成就 ─────────

　　首先，《司馬穰苴兵法》強調「以仁為本」，戰爭的目的，是為了剷除邪惡，爭取和平；其次，它強調居安思危，要時刻備戰，但不可窮兵黷武；第三，它詳細論述治軍立法的各種原則，強調治理軍隊要申軍法、立約束、明賞罰，對於將帥，則提出了「仁、義、智、勇、信」五條標準；第四，還對軍容軍貌的作用、戰略戰術的運用、武器裝備的建設等問題做了論述。

07 吳子兵法遺六篇，軍事主張聖典藏

——吳起・戰國

▌生平簡介

姓　　名　吳起。

出 生 地　今山東省定陶。

生 卒 年　約西元前四四〇至約前三八一年。

身　　份　軍事家。

主要成就　樸素辯證法的戰略戰術思想，在我國軍事史上佔有重要地位。

▌名家推介

　　吳起（約西元前 440-前 381），漢族，衛國左氏（今山東省定陶，一說曹縣東北）人。戰國初期著名的政治改革家，卓越的軍事家、統帥、軍事改革家。

　　他是一位與「兵聖」孫武齊名的大軍事家，後世把他和孫武連稱「孫吳」，著有《吳子》，《吳子》與《孫子》又合稱《孫吳兵法》，在中國古代軍事典籍中佔有重要地位。

▍名家故事 ─────

　　周威烈王十四年，齊國進攻魯國，魯國國君想用吳起為將，但因為吳起的妻子是齊國人，遂對他有所懷疑。吳起由於渴望當將領成就功名，就毅然殺了自己的妻子，表示不傾向齊國，史稱殺妻求將。魯君終於任命他為將軍，率領軍隊與齊國作戰。吳起治軍嚴於己而寬於人，與士卒同甘共苦，因而軍士都能效死從命。吳起率魯軍到達前線，沒有立即同齊軍開仗，表示願與齊軍談判，先向對方「示之以弱」，以老弱之卒駐守中軍，給對方造成一種「弱」、「怯」的假象，用以麻痺齊軍將士，然後出其不意地以精壯之軍突然向齊軍發起猛攻，齊軍倉促應戰，一觸即潰，傷亡過半，魯軍大獲全勝。

　　吳起的得勢引起魯國群臣的非議，一時流言四起。魯國有些人在魯王面前中傷吳起說：「吳起是個殘暴無情的人。」魯君因而疑慮，就辭退了吳起。

　　吳起離開魯國後，聽說魏文侯很賢明，想去憑本事遊說他。文侯問大臣李悝說：「吳起為人如何？」李悝說：「吳起貪榮名而好色，但是，他用兵司馬穰苴也不能超過。」這樣魏文侯就任命他為將軍，率軍攻打秦國，接連攻克五座城邑。

　　魏文侯因吳起善於用兵，廉潔而公平，能得到士卒的擁護，就任命他為西河的守將，抗拒秦國和韓國。次年，他率軍攻佔秦國的河西地區，任西河郡守。這一時期他先後與諸侯大戰七十六場，全勝六十四回。特別是周安王十三年的陰晉之戰，吳起以五萬魏軍，擊敗了十倍於己的秦軍，成為中國戰爭史上以少勝多的著名戰役，也使魏國成為戰國初期的強大的諸侯國。

　　魏文侯死後，吳起繼續效力於他兒子魏武侯。吳起還是任西河的

守將，威信很高。魏國選相，很多人都看好吳起，可是最後卻任命田文為相。吳起很不高興，他向田文說：「請你和我比一比功勞可以嗎？」田文說：「可以。」吳起說：「統領三軍，使士卒樂於為國犧牲，敵國不敢圖謀進攻我們，你比我怎樣？」田文說：「我不如你。」吳起說：「管理各級官員，親附人民，使財力充裕，你比我怎樣？」田文說：「我不如你。」吳起說：「鎮守西河地區，使秦軍不敢向東擴張，韓國和趙國都尊從我們，你比我怎樣？」田文說：「我不如你。」吳起說：「這三方面，你都不如我，而你的職位都比我高，這是為什麼？」田文說：「國君年少，全國憂慮，大臣沒有親附，百姓還不信賴，在這個時候，是由你來任相合適呢？還是由我來任相合適呢？」吳起沉默了很久然後說：「應該由你來任相。」田文說：「這就是我所以職位比你高的原因。」吳起這才知道自己不如田文。

田文死後，公叔任相，他妻子是魏國的公主，公叔對吳起非常畏忌，便想害吳起。後來武侯果真對吳起有所懷疑而不信任他了，吳起於是離開魏國到楚國去了。

楚悼王平素聽說吳起很能幹，吳起一到楚國就任相。他嚴明法令，撤去不急需的官吏，廢除了較疏遠的公族，把節省下的錢糧用以供養戰士。主要目的是加強軍隊，破除縱橫捭闔的遊說。於是南面平定了百越；北面兼併了陳國和蔡國，並擊退了韓、趙、魏的擴張；向西征伐了秦國。諸侯都害怕楚國的強大，楚國的貴族都想謀害吳起，到楚悼王死後，公族責成和大臣叛亂而攻擊吳起，吳起跑到楚悼王的屍體旁伏在屍體上，但追殺吳起的楚國貴族還是射殺了吳起，箭也射到了悼王的身上。楚肅王繼承王位，就派令尹殺了所有因射刺吳起而同時射刺中了悼王屍體的人，當時由於射刺吳起被誅滅宗族的有七十多家。

　　吳起在政治、指導戰爭方面積累了豐富的經驗，他把這些經驗深化為軍事理論。他主要謀略思想是：「內修文德，外治武備」。他一方面強調必須在國家和軍隊內部實現協調統一，才能對外用兵，提出國家如有「四不和」，就不能出兵打仗；另一方面強調必須加強國家的軍事力量。

　　吳起繼承了孫武的「知己知彼，百戰不殆」的思想，強調了了解和分析敵情的重要意義，並且具體指出了國家不可輕易與敵作戰。他懂得戰爭是千變萬化的，要根據不同的情況而採取應變的措施。還具體論述了在倉卒間遭遇強敵、敵眾我寡、敵拒險堅守、敵斷我後路、四面受敵及敵突然進犯等情況下的應急戰法和勝敵的策略。

　　〈治兵〉、〈論將〉和〈勵士〉三篇闡述中，他的治軍思想體現在軍隊能否打勝仗，不完全取決於數量上的優勢，重要的是依靠軍隊的品質。品質高的標準是：要有能幹的將領，要有經過嚴格訓練的兵士；要有統一的號令；要有嚴明的賞罰。他重視將帥的作用，尤其是重視將帥的謀略，強調好的將帥應有優良的品質和作風；重視士卒的訓練，提高實際作戰能力；強調激勵士兵。

▌專家品析

　　吳起重視調查研究，顯然是繼承了前輩軍事家孫武「知己知彼，百戰不殆」的思想。吳起注意自己對戰爭的主觀指導作用，力圖符合於客觀實際的卓越見解，對引導戰爭取得勝利有極其重要的意義。吳起進步的戰爭觀，樸素的唯物主義和樸素辯證法的戰略戰術思想，在我國軍事史上佔有重要地位。

吳起由於經常帶兵打仗，很懂得在戰爭中發揮人的主觀能動作用，認為在戰爭中，人必須努力掌握從事戰爭的各種技能和適應各種複雜環境的本領。人在戰爭中，往往因為缺少某種本領而送了性命，因為不習慣於某種情況而打敗仗，這種主張是對生死勝敗由天定的宿命論的否定。吳起在頻繁的戰爭中積累了豐富的經驗，熟練地掌握了指揮戰爭的藝術，吳起面臨不利軍事形勢時的應對策略，這些無疑都成為後世軍事家們借鑒的經典。

█ 軍事成就 ─────────

吳起著有《吳子兵法》。這是一部在我國軍事史上與《孫子兵法》並列的古代軍事著作。《吳子兵法》四十八篇，現存僅六篇。而現有這六篇，充分反映了他的傑出的軍事思想。

08 軍事情報集一身，武經七書有此人

—— 尉繚‧戰國

▌生平簡介

姓　　名　尉繚。

出 生 地　魏國大梁（今河南開封）。

生 卒 年　不詳。

身　　份　軍事家、軍事理論家。

主要成就　提出了治軍的十二條正反面經驗，著有《尉繚子》。

▌名家推介

　　尉繚，生卒年代不詳，魏國大梁（今河南開封）人。姓失傳，名繚。他是著名的軍事理論家，後世也把他稱為秦始皇的情報兼特務頭子。

　　秦嬴政十年入秦，被任為國尉，因此被稱尉繚。他所著的《尉繚子》一書，在古代就被列入軍事學名著，受到歷代兵家推崇，與《孫子》、《吳子》、《司馬法》等在宋代並稱為《武經七書》之一。

▌名家故事 ────────

尉繚在秦嬴政十年來到秦國，此時嬴政已親秉朝綱，國內形勢穩定，秦王正準備全力以赴開展對東方六國的最後一擊。

當時秦國還有一個非常嚴峻的問題，就是戰將如雲，猛將成群，而真正諳熟軍事理論的軍事家卻沒有。靠誰去指揮這些只善拚殺的戰將，如何在戰略上把握全域，制訂出整體的進攻計畫，這是秦王非常關心的問題。他自己出身於王室，雖工於心計，講求政治謀略，但沒有打過仗，缺乏帶兵的經驗。李斯等文臣也是主意多，實幹少，真要上戰場，真刀真槍地搏殺，就都沒用了。

尉繚一到秦國，就向秦王獻上一計，他說：「以秦國的強大，諸侯好比是郡縣之君，我所擔心的就是諸侯『合縱』。希望大王不要愛惜財物，用它們去賄賂各國的權臣，以擾亂他們的謀略，這樣不過損失三十萬金，而諸侯則可以盡數消滅了。」一番話正好說到秦王最擔心的問題上，秦王覺得此人不一般，正是自己千方百計要尋求的人，於是對他言聽計從。不僅如此，為了顯示恩寵，秦王還讓尉繚享受同自己一樣的衣服飲食，每次見到他，總是表現得很謙卑。秦王嬴政發揮他愛才、識才和善於用才的特長，想方設法將尉繚留住，並一下子把他提升到國尉的高位之上，掌管全國的軍隊，主持全面軍事，所以被稱為「尉繚」。

尉繚對當時戰爭總的看法是：存在著兩種不同性質的戰爭，反對殺人越貨的非正義戰爭，支持誅暴亂的正義戰爭。

《尉繚子》作為戰國時產生的兵書，它所談的戰略戰術等問題，集中體現在以下幾個方面：

首先，《尉繚子》提出了以經濟為基礎的戰爭觀。不荒廢耕織二

事，國家才有儲備，而這一儲備正是戰爭的基礎。他說，土地是養民的，城邑是防守土地的，戰爭是守城的。所以，耕田、守城和戰爭在這三者當中，雖然以戰爭為最急，但戰爭卻仰賴農耕，即使萬乘之國，也要實行農戰相結合的方針。

其次，《尉繚子》也提出了一些有價值的戰略戰術思想。他繼承孫子的奇正思想，結合戰國圍城戰的實踐，提出了一整套攻、守城邑的謀略。主張攻城要有必勝把握，「戰不必勝，不可言戰；攻不必拔，不可言攻」。最後深入敵境，出敵不意，切斷敵人糧道，孤立敵軍城邑，乘虛去攻克它。

第三，《尉繚子》的另一重要貢獻是提出了一套極富時代特色的軍中賞罰條令。《尉繚子》作為古代兵書，不但在軍事理論上有所發展，而且保存了戰國時期許多重要軍事條令，這是為其他兵書所少見的。

《尉繚子》的重刑思想顯然與商鞅的刑賞思想如出一轍，而且比商鞅的更為嚴酷。它反映了古代軍隊組織中的官兵關係是嚴重的階級對立關係。《尉繚子》的以法治軍思想已與春秋以前大不相同。由於《尉繚子》提出一套賞罰原則，取消了舊貴族所享有的厚賞輕罰的特權，體現了新興地主階級的進取精神，因而極富時代精神，標明它與舊的賞罰原則有了質的不同。

其四，《尉繚子》一書所保存的其他重要軍事條令，〈分塞令〉是營區劃分條令，規定各軍分塞防守區域及往來通行原則；〈經卒令〉是戰鬥編隊條令，規定各軍特有的軍旗標誌、士卒的行列單位及不同的行隊單位佩戴不同徽章等；〈勒卒令〉是統一軍中指揮號令金鼓旗鈴的條令，規定了金、鼓、旗、鈴等指揮工具的作用和用法；〈將令〉規定將軍統兵受命於國君，只對國君負責，將軍在軍中具有無上權

威，統一指揮全軍；〈踵軍令〉是後續部隊行動條令。規定後續部隊作為接應部隊，與大軍保持的距離、前進的方向、所應完成的任務以及安全、警戒、處置逃兵的原則；〈兵教〉是軍事教練條令，規定了軍中「分營居陣」的訓練方式及訓練中的獎懲制度。在兵教方法上，明顯地繼承了《吳子兵法》的一些原則，〈兵教〉提出十二條必勝之道，希望把軍隊訓練成為無往而不勝的鐵軍。《尉繚子》所記載的這些軍事條令稱為後世軍事效仿的典範。

專家品析

《尉繚子》繼承並發展了《孫子》、《吳子》等兵書的軍事思想，具有戰國後期的時代特點。在戰爭觀上，它反對用唯心主義的天命觀指導戰爭，認為戰爭有正義與不義之分，反對不義之戰，支持正義戰爭，主張既要慎戰，又不能廢戰。

《尉繚子》問世後，受到歷代統治者和兵家的重視。《尉繚子》是一部具有重要軍事學術價值和史料價值的兵書。同時也應看到《尉繚子》中也存有封建糟粕，如鼓吹用嚴刑酷法來維持紀律的執行等，是剝削階級軍隊官兵對立的產物。

軍事成就

《尉繚子》一書所表述的軍事思想，代表了戰國時期中國軍事思想發展的一個主要的流派，也是當時各國變法圖強、建立封建主義制度的政治思潮在軍事上反映的產物。

09 一代名將聞遐邇，率軍連下七十城

—— 樂毅·戰國

▌生平簡介

姓　　　名	樂毅。
字	永霸。
出 生 地	靈壽（屬今河北靈壽）。
生 卒 年	不詳。
身　　份	軍事家。
主 要 成 就	統帥五國聯軍攻破齊國。

▌名家推介

　　樂毅，生卒年代不詳，子姓，樂氏，名毅，字永霸。漢族，中山靈壽（今河北靈壽西北）人。他是戰國後期傑出的軍事家，官拜燕國上將軍，受封昌國君。

　　他輔佐燕昭王振興燕國，統帥燕國等五國聯軍攻打齊國，連下七十餘城，報了強齊伐燕之仇。為此，他也創造了中國古代戰爭史上以弱勝強的著名戰例。

名家故事

樂毅很賢能，喜好軍事，趙國人曾舉薦他出來做官，趙武靈王在沙丘行宮被圍困餓死後，他就離開趙國到了魏國。燕昭王年間，燕國大亂而被齊國乘機戰敗，因而燕昭王非常怨恨齊國，一天不曾忘記向齊國報仇雪恨。燕國是個弱小的國家，地處偏遠，國力是不能剋敵制勝的，於是燕昭王降低自己的身分，禮賢下士，他先禮尊郭隗藉以招攬天下賢士。正在這個時候，樂毅為魏昭王出使到了燕國，燕王以賓客的禮節接待他。樂毅推辭謙讓，後來終於向燕昭王敬獻了禮物表示願意獻身做臣下，燕昭王就任命他為亞卿。

當時，齊湣王很強大，南邊在重丘戰敗了楚國宰相唐眛，西邊在觀津打垮了魏國和趙國，隨即又聯合韓、趙、魏三國攻打秦國，還曾幫助趙國滅掉中山國，又擊破了宋國，擴展了一千多里的領土。他與秦昭王共同爭取尊為帝號，不久他便自行取消了東帝的稱號，仍稱王。各諸侯國都打算背離秦國而歸服齊國。可是齊湣王自尊自大很是驕橫，百姓已不能忍受他的暴政。燕昭王認為攻打齊國的機會來了，就向樂毅詢問有關攻打齊國的事情。樂毅回答說：「齊國，它原來就是大國，如今成就了霸國的基業，土地廣闊人口眾多，可不能輕易地單獨攻打它。大王若一定要攻打它，不如聯合趙國以及楚國、魏國一起攻擊它。」於是昭王派樂毅去與趙惠文王結盟立約，另派別人去聯合楚國、魏國，又用趙國以攻打齊國的好處去誘勸秦國。諸侯們認為齊湣王驕橫暴虐對各國也是個禍害，於是都爭著跟燕國聯合共同討伐齊國。樂毅回來彙報了出使情況，燕昭王動員了全國的兵力，派樂毅擔任上將軍，趙惠文王把相國大印授給了樂毅。

西元前二八四年，樂毅與趙、秦、魏、韓等五國軍隊約期會師。

他以燕上將軍職，佩趙國相印，統帥五國聯軍浩浩蕩蕩向齊地挺進。
樂毅深知奪取初戰勝利對於主宰戰爭全域的意義，立足於先發制人，
給敵人以出其不意的打擊。根據這一指導思想，樂毅指揮五國聯軍及
時發起濟西之戰，在濟水之西一舉擊破齊將觸子率領的齊軍主力。濟
西之戰勝利後，樂毅鑒於當時齊軍主力已被消滅，難以組織起有效抵
抗的實際情況，果斷遣返秦、韓兩國的軍隊，並讓魏軍去攻取宋國，
讓趙軍去攻佔河間，免得諸國繼續分享伐齊的勝利果實。爾後，他針
對齊國兵力空虛，主力被殲後的恐懼心理，指揮燕軍主力長驅直入，
直逼齊國國都臨淄，再次體現了他審時度勢、應變如神的軍事才能。

　　樂毅的這一戰略部署，曾遭到謀士劇辛的反對。劇辛認為，齊國
大，燕國小，燕軍應該乘勢攻取齊國邊邑以壯大發展自己，作長久之
計，而不宜舉兵深入，進行冒險。樂毅則認為，燕軍必須乘勝前進，
攻佔齊都，否則便會貽誤戰機，葬送勝利。於是他拒絕了劇辛的意
見。指揮燕軍實施戰略追擊，攻克臨淄，從而摧毀了齊軍的指揮中
樞。攻克臨淄後，樂毅根據戰局的發展，進一步制訂了征服齊國的作
戰計畫。具體措施是，及時分兵五路平定整個齊地。其中左軍東渡膠
水，攻克膠東、東萊；右軍沿黃河和濟水，向西攻克阿城、鄄城；前
軍沿泰山東麓直到黃海；後軍沿著臨淄東北的海岸，佔領千乘；中軍
則鎮守齊都臨淄，策應各路，五路大軍的行動進展順利，在短短半年
的時間裏，連下齊國七十餘城，使齊國幾乎瀕臨亡國的邊緣。

　　當時，只有莒和即墨沒有被齊國收服。這時恰逢燕昭王死去，他
的兒子立為燕惠王。惠王從做太子時就曾對樂毅有所不滿，等他繼位
後，齊國的田單了解到他與樂毅有矛盾，就對燕國施行反間計，造謠
說：「齊國城邑沒有攻下的就只有兩個城邑罷了，而所以不及早拿下
來的原因，聽說是樂毅與燕國新繼位的國君有怨仇，樂毅斷斷續續用

兵故意拖延時間姑且留在齊國，準備在齊國稱王。齊國所擔憂的，只怕別的將領來。」當時燕惠王本來就已經懷疑樂毅，又受到齊國反間計的挑撥，就派騎劫代替樂毅任將領，並召回樂毅。樂毅心裏明白燕惠王派人代替自己是不懷好意的，害怕回國後被殺，便向西去投降了趙國。趙國把觀津這個地方封給樂毅，封號叫望諸君。趙國對樂毅十分尊重，並借此來震動威懾燕國、齊國。

後來燕惠王因為樂毅的離開很後悔，於是把樂毅的兒子樂間封為昌國君，而樂毅往來於趙國、燕國之間，與燕國重新交好，燕、趙兩國都任用他為客卿，樂毅死於趙國。

▌專家品析

樂毅統帥燕、韓、秦、趙、魏五國聯軍攻破齊國，大獲全勝。這場戰爭，史稱五國伐齊之戰。樂毅的卓越軍事天才在此戰役中得到了淋漓盡致的表現。這場戰役的最大的特色是：總攬全域，牢牢把握戰爭主動權，綜合分析敵我雙方的基本情況，制定適宜的戰略決策和作戰指導方針，並根據戰場情勢的變化，隨時調整自己的戰略戰術。

史書上雖沒有記載樂毅在軍事理論上有什麼建樹，但他指揮燕、趙五國聯軍，連克齊國七十餘城的不凡業績，證明他是一位有傑出才能的軍事家。

▌軍事成就

樂毅統帥五國聯軍攻破齊國，連下七十餘城的不凡業績，證明他

是一位有傑出才能的軍事家。他在〈報燕惠王書〉中提出的國君用人
的思想，對封建帝王在用人問題上提出了要求，他與燕昭王在興燕破
齊的事業中建立的君臣情誼，被封建社會的賢人志士所稱道。

10 百戰百勝震列國，
將相刎頸生死共

——廉頗・戰國

▋生平簡介

姓　　名　廉頗。

出 生 地　山西太原。

生 卒 年　西元前三二七至前二四三年。

身　　份　軍事家。

主要成就　為趙國的強盛做出過重大貢
　　　　　獻。

▋名家推介

廉頗（西元 327-前 243），漢族，山西太原人。嬴姓，廉氏，名
頗。戰國末期趙國的名將，與白起、王翦、李牧並稱「戰國四大名
將」，傑出的軍事家。

他主要活動在趙惠文王、趙孝成王、趙悼襄王時期。廉頗一生攻
城掠地、戰功累累、能征善戰、威震諸侯、剛正不阿、愛民撫民、不
戀戰功、忠君報國、至死不已。後世尊他為「德聖」。

▌名家故事 ────

　　趙惠文王初，東方七國以齊國最為強盛，齊與秦各為東西方強國。秦國想要向東擴大勢力，趙國成為最大的障礙，秦王曾多次派兵進攻趙國，廉頗統領趙軍屢次大敗秦軍，迫使秦國改變策略，實行合縱，秦國於趙惠文王十四年在中陽與趙國講和。以聯合韓、燕、魏、趙五國之師共同討伐齊國，大敗齊軍。其中，廉頗於惠文王十六年帶趙軍伐齊，長驅深入齊境，攻取陽晉，威震諸侯，趙國也隨之越居六國之首。廉頗班師回朝拜為上卿，秦國虎視趙國而不敢貿然進攻，正是懾於廉頗的威力。

　　周赧王三十二年，趙國得和氏璧，強秦願以十五城交換，趙國派藺相如出使秦國，藺相如身帶「和氏璧」，充當趙使入使秦國。藺相如以他的大智大勇完璧歸趙，取得了對秦外交的勝利。此後秦王藉口要和趙王在澠池會盟，趙王非常害怕，不願前往。廉頗和藺相如商量認為趙王應該前往。趙王與藺相如同往，廉頗相送，廉頗與趙王分別時說：「大王這次行期不過三十天，若三十天不還，請立太子為王，以斷絕秦國要脅趙國的希望。」廉頗的大將風度與周密安排，壯了趙王的行色，同時由於藺相如澠池會上不卑不亢地與秦王周旋，毫不示弱地回擊了秦王施展的種種手段，不僅為趙國挽回了聲譽，而且對秦王和群臣產生震懾，最終使得趙王平安歸來。

　　回國後，趙王把藺相如拜為上卿，地位竟在廉頗之上。廉頗對藺相如封為上卿心懷不滿，認為自己做為趙國的大將，有攻城擴大疆土的大功，而地位低下的藺相如只動動口舌卻位高於自己，叫人不能容忍。他公然揚言要當眾羞辱藺相如。藺相如知道後，並不想與廉頗去爭高低，而是採取了忍讓的態度。為了不使廉頗在臨朝時排列自己之

下，每次早朝他總是稱病不到。有時，藺相如乘車出門，遠遠望見廉頗迎面而來，就索性引車躲避。廉頗聽說後，深受感動，他身背長長的荊條，赤膊露體來到藺相如家中，請藺相如治罪。從此兩人結為刎頸之交，生死與共。

趙惠文王二十年，廉頗向東攻打齊國，趙惠文王二十二年，再次伐齊，攻陷九城。次年廉頗攻魏，也取得重大勝利。正是由於廉、藺合作，使得趙國內部團結一致，盡心報國，使趙國一度強盛，成為東方諸侯阻擋秦國東進的屏障，秦國以後十年間未敢攻趙。

西元前二六六年，趙惠文王卒，孝成王繼位。這時，秦國採取遠交近攻的謀略，一邊跟齊國、楚國交好，一邊攻打臨近的小國。周赧王五十五年，秦國進攻韓地上黨。上黨的韓國守軍孤立無援，太守馮亭便將上黨獻給了趙國。於是，秦趙之間圍繞著爭奪上黨地區發生了戰爭。這時，名將趙奢已死，藺相如病重，執掌軍事事務的只有廉頗。於是，趙孝成王命廉頗統帥二十萬趙軍阻擋秦軍於長平。當時，秦軍已切斷了長平南北聯繫，士氣正盛，而趙軍長途跋涉，不僅兵力處於劣勢，態勢上也處於被動不利的地位。面對這一情況，廉頗正確地採取了築壘固守，疲憊敵軍，相機攻敵的作戰方針。他命令趙軍憑藉山險，築起森嚴壁壘。盡管秦軍數次挑戰，廉頗總是嚴束部眾，堅壁不出。同時，他把上黨地區的百姓集中起來，一面從事戰場運輸，一面投入築壘抗秦的工作。趙軍森嚴壁壘，秦軍求戰不得，無計可施，銳氣漸失。廉頗用兵持重，固壘堅守三年，在於挫敗秦軍速勝的戰略部署。秦國看速勝不行，便使用反間計，趙括代替了廉頗的職務，趙國長平之戰，損失近五十萬精銳部隊。秦長平之戰取得勝利後，接受了趙割地請和的要求。

趙國自長平之戰敗於秦國之後，國力大大削弱。戰後，趙王封廉

頗為信平君，任相國。廉頗任相國前後約六七年，多次擊退入侵敵軍，並伺機出擊。前二四五年，他帶兵攻取了魏地繁陽，說明趙國國力又有恢復。

秦始皇二年，趙孝成王病卒，趙悼襄王繼位。襄王聽信了奸臣郭開的讒言，解除了廉頗的軍職，廉頗於是離趙投奔魏國。趙國因為多次被秦軍圍困，趙王想再任用廉頗，廉頗也想再被趙國任用。趙王派遣使者帶著一副名貴的盔甲和四匹快馬到大梁去慰問廉頗，看廉頗還是否可用。廉頗的仇人郭開卻唯恐廉頗再得勢，暗中給了使者很多錢，讓他說廉頗的壞話。趙國使者見到廉頗以後，廉頗在他面前一頓飯吃了一斗米，十斤肉，還披甲上馬，表示自己還可用。但使者回來向趙王報告說：「廉將軍雖然老了，但飯量還很好，可是和我坐在一起，不多時就拉了三次屎。」趙王認為廉頗老了，就沒任用他，廉頗也就沒再得到為國報效的機會，致使這位為趙國做出過重大貢獻的一代名將，抑鬱不樂，最終死在楚國的壽春，年約八十五歲。

▌專家品析 ─────

在有關廉頗的所有一切的戰例記載中，廉頗幾乎沒有一次失敗的記錄。在當時諸侯列國中，廉頗不僅善於打硬戰，而且還善打堅守戰。

最精彩的「負荊請罪」故事出自《史記・廉頗藺相如列傳》，講述了戰國時代趙國廉頗、藺相如的故事，故事又稱將相和。廉頗正是由於他的忠勇愛國，善改錯誤，從而使他成為中國歷史上一位瑕不掩瑜的歷史人物，一位有著獨特個性的優秀軍事家，贏得千古人們的無限崇敬和愛戴。

▌軍事成就 ─────────

　　廉頗是戰國時期一位傑出的軍事將領，一生征戰數十年，攻城無
數，殲敵數十萬，而未曾有過敗績。

11 功勳赫赫未曾敗，
抗擊匈奴第一臣

—— 李牧・戰國

▋生平簡介

姓　　名	李牧。
出 生 地	戰國時期趙國柏（今邢臺市隆堯縣）。
生 卒 年	？至前二二九年。
身　　份	軍事家。
主要成就	與白起、王翦、廉頗並稱「戰國四大名將」。

▋名家推介

　　李牧（？-前229），嬴姓，李氏，名牧，漢族。戰國時期趙國柏（今邢臺市隆堯縣）人，趙國傑出將領。受封趙國武安君，戰功顯赫，生平未曾打過敗仗。

　　李牧的生平活動大致可劃分為兩個階段，前一段是在趙國北部邊境，抗擊匈奴；後一段以抵禦秦國為主。與白起、王翦、廉頗並稱「戰國四大名將」。

　　西元前二二九年，趙王遷中了秦國的離間計，聽信讒言剝奪了李牧的兵權，不久後將李牧殺害；三個月後趙國滅亡。

▌名家故事 —————

趙武靈王時雖築了長城抵禦匈奴，但趙國還常常遭到匈奴的入侵，搶掠去不少人員和財物。趙孝成王時，派李牧為將，鎮守北邊抗擊匈奴。

他到任後，針對趙軍和匈奴軍的特點，經過深思熟慮後採取了一系列的軍事經濟措施。將邊防線的烽火臺加以完善，派精兵嚴加守衛，同時增加情報偵察，做到及早預警。為了提高部隊戰鬥力，李牧密切官兵關係，厚待士兵，精練騎馬射箭戰術，全軍戰士由於得到厚遇，士氣高昂，人人奮勇爭先，願為國家出力效勞。針對剽悍的匈奴騎兵機動靈活、戰鬥力強和以掠奪為主要作戰目的，軍需全靠搶掠的特點，為使竄擾的敵騎兵徒勞無功，他命令堅壁清野，伺機殲敵。

時間一長，匈奴兵將總以為李牧膽小怯戰，根本不把他放在心上；就是趙國邊兵們也在下面竊竊私議，以為李牧真的膽小怯戰。李牧一意堅守不主動出擊的消息傳到趙孝成王那裏，趙王派使者責備李牧，要李牧出擊。趙王聽說李牧仍然一味防守，認為他膽怯無能，滅了自己威風，立即將李牧召回，派另外一員將領來替代。新將領一到任，每逢匈奴入侵，即下令軍隊出戰，幾次都失利，人員傷亡很大。

李牧又被派到雁門，堅持按既定方針辦，下令堅守。西元前二四四年的春天，一切準備就緒之後，李牧讓百姓滿山遍野去放牧牲畜，引誘匈奴入侵。匈奴單于王聽到前方戰報，十分高興，於是率領大軍侵入趙境，準備大肆擄掠。李牧早在匈奴來路埋伏下奇兵，匈奴大部隊一到，李牧為消耗敵軍，先採取守勢的協同作戰，戰車陣從正面迎戰，限制、阻礙和遲滯敵人騎兵的行動，步兵集團居中狙擊，弓弩兵輪番遠程射殺，而將騎兵及精銳步兵控制於軍陣側後。當匈奴軍衝擊

受挫時，李牧乘勢將控制的機動精銳部隊由兩翼加入戰鬥，發動鉗形攻勢，包圍匈奴軍於戰場，經過幾年養精蓄銳訓練有素的趙軍將士們，早已摩拳擦掌，生龍活虎向敵人撲了過去。仿佛是一架運轉嚴整的機器，兩翼包抄的一萬三千名趙軍騎兵仿佛兩把鋒利砍刀，輕鬆地撕開匈奴人看似不可一世的軍陣，在轉瞬間扼住十萬匈奴騎兵命運的咽喉。一整天的會戰很快演變成一場對匈奴的追殲屠殺，十萬匈奴騎兵全軍覆沒，匈奴單于僅帶了少量親隨倉皇逃竄。

李牧大敗匈奴之後，又趁勝利之勢收拾了趙北部的匈奴屬國，迫使單于向遙遠的北方逃去，完全清除了北方的憂患。在這次取得輝煌勝利的戰役以後，懾於趙軍之威，過了十幾年，匈奴也不敢入侵趙的邊境。李牧也因此成為繼廉頗、趙奢之後趙國的最重要的將領。

西元前二四六年，李牧到朝中任職。他以相國身份出使秦國，定立盟約，使秦國歸還了趙國的質子。西元前二四五年，趙孝成王逝世，悼襄王元年，讓樂乘代替廉頗大將軍的職位，廉頗一怒之下，領軍攻擊樂乘，樂乘逃走，廉頗也就帶領自己部下，投奔魏國去了。當時，趙奢、藺相如已死，李牧成為朝中重臣。

趙王遷四年，秦王嬴政再次派秦軍入侵，兵分兩路攻趙，李牧帶兵大敗秦軍，此戰為趙國贏得喘息時間，獲得短暫的穩定。

趙王遷七年，趙國由於連年戰爭，再加北部地震，大面積饑荒，國力已相當衰弱。秦王嬴政乘機派大將王翦親自率主力直下井陘，楊端和率河內兵卒，共領兵幾十萬進圍趙都邯鄲。趙王任命李牧為大將軍，司馬尚為副將，全軍抵抗入侵秦軍。王翦知道李牧不除，秦軍在戰場上不能速勝，秦王用反間計，派奸細入趙國都城邯鄲，用重金收買了那個誣陷過廉頗的趙王遷近臣郭開，讓郭開散佈流言蜚語，說什麼李牧、司馬尚勾結秦軍，準備背叛趙國。昏聵的趙王遷一聽到這些

謠言，不加調查證實，立即委派宗室趙蔥和齊人投奔過來的顏聚去取代李牧和司馬尚。

重視獨立行事權的李牧接到這道命令，為社稷和百姓而不聽命，趙王暗中佈置圈套捕獲李牧並斬殺了他，司馬尚則被廢棄不用。過了三個月，秦將王翦乘勢急攻，大敗趙軍，趙蔥戰死，顏聚逃亡。秦軍攻下邯鄲後，俘虜趙王遷。秦王嬴政二十五年，趙國滅亡。

▌專家品析

李牧是戰國末年東方六國最傑出的將領之一，深得士兵和百姓的愛戴，有著崇高的威望。在一系列的作戰中，他屢次重創敵軍而未嘗敗，顯示了高超的軍事指揮藝術。尤其是破匈奴之戰和肥之戰，前者是中國戰爭史中以步兵大兵團全殲騎兵大兵團的典型戰例，後者則是圍殲戰的範例。他的無辜被害，使趙國自毀長城，也使後人無不扼腕歎恨。

在戰國群雄逐鹿的舞臺上，有更多的將軍留下了一將功成萬骨枯的威名，他們在殲敵數目等軍人硬性指標上遠遠超過了李牧，卻沒有一個人有理由比李牧更值得我們尊敬，因為他們也許成功地保衛了自己所身處的國家，李牧卻捍衛了我們這個苦難的民族。

▌軍事成就

李牧的軍事思想集中體現在以下幾個方面：

一、在君臣關係上，強調將帥的獨立性、便宜行事權。

二、在軍民關係上，力求不擾民，爭取民眾對軍事活動的支持、
　　配合。

三、在官兵關係上，注意厚待士卒，密切官兵關係。

四、在作戰方略上，謀劃全面、周詳、得當，富有針對性。

12 輔秦霸業初興盛，
長平之戰成人屠

—— 白起·戰國

生平簡介

姓　　名	白起。
別　　名	人屠、武安君。
出 生 地	（今陝西縣東北）。
生 卒 年	？至前二五七年。
身　　份	軍事家。
主要成就	趙楚懾服、不敢攻秦，成就秦國霸業，著有《陣圖》、《神妙行軍法》。

名家推介

　　白起（？-前 257），羋姓，白氏，名起，楚白公勝之後。郿（今陝西郿縣東北）人，中國歷史上自孫武、吳起之後又一個傑出的軍事家、統帥。

　　他是戰國時期秦國名將，有「戰神」之稱，被世人公認為戰國四大將之首。白起指揮許多重要戰役：大破楚軍，攻入郢都，迫使楚國遷都，楚國從此一蹶不振；伊闕之戰又殲滅韓魏二十四萬聯軍，徹底掃平秦軍東進之路；長平一戰一舉殲滅趙軍四十五萬人。白起一生大

小七十餘戰，沒有敗績，六國聞白起膽寒。

▌名家故事 ────────

　　秦昭王四十七年，秦派王齕攻打韓國，奪取上黨，上黨的百姓紛紛逃往趙國，趙國駐兵於長平，以便鎮撫上黨。四月，王齕攻趙，趙國派廉頗為將抵抗。雙方僵持多日，趙軍損失巨大。廉頗根據敵強己弱、初戰失利的形勢，決定採取堅守營壘以待秦兵進攻的戰略。秦軍多次挑戰，趙國都不出兵。趙王為此屢次責備廉頗。秦國於是用離間計，散佈流言說：「秦國所痛恨、畏懼的，是馬服君趙奢之子趙括；廉頗容易對付，他快要投降了。」趙王既怨怒廉頗連吃敗仗，士卒傷亡慘重，又嫌廉頗堅壁固守不肯出戰，因而聽信流言，派趙括替代廉頗為將。趙括上任之後，一反廉頗的部署，不僅臨戰更改部隊的制度，而且大批撤換將領，使趙軍戰鬥力下降。秦見趙中了計，暗中命白起為上將軍，王齕為副將。

　　白起面對魯莽輕敵、高傲自恃的對手趙括，決定採取後退誘敵，分割圍殲的戰法。他命前沿部隊擔任誘敵任務，在趙軍進攻時，佯敗後撤，將主力配置在縱深構築袋形陣地，另以精兵五千人，楔入趙軍先頭部隊與主力之間，伺機割裂趙軍。八月，趙括在不明虛實的情況下，貿然採取進攻行動，秦軍假意敗走，暗中張開兩翼設奇兵鉗制趙軍。趙軍乘勝追到秦軍所設壁壘，白起令兩翼奇兵迅速出擊，將趙軍截為三段，趙軍首尾分離，糧道被斷。秦軍又派輕騎兵不斷騷擾趙軍，趙軍的戰勢危急，只得築壘壁堅守，以待救兵。秦王聽說趙國的糧道被切斷，親臨戰場督戰，徵發十五歲以上男丁從軍，以阻絕趙國

的援軍和糧草，傾注全國之力和趙國作戰，白起以二萬五千人斷絕趙軍後路，五千騎分割趙軍，而後以輕兵猛攻，迫使趙軍陷入死地。

九月，趙兵已斷糧四十六天，饑餓不堪，甚至自相殺食。趙括走投無路，重新集結部隊，分兵四隊輪番突圍，趙括親率精兵出戰，被秦軍射殺。趙軍大敗，四十萬趙兵投降。白起把趙國降兵全部坑殺，只留下二百四十個年紀小的士兵回趙國報信。長平之戰，秦軍先後斬殺和俘獲趙軍共四十五萬人，趙國上下為之震驚。從此趙國元氣大傷，一蹶不振。後因趙國的平原君寫信給其妻子的弟弟魏國的信陵君，委託他向魏王發兵救趙，信陵君去求魏王發兵救趙，魏王派晉鄙率十萬大軍救趙，但由於秦昭襄王的威脅，魏王只好讓軍隊在鄴城待命。信陵君為了救趙，只好用侯嬴計謀，竊得虎符並殺了晉鄙，率兵救趙，在邯鄲大敗秦軍，才避免趙國的滅亡。

長平之戰，白起大破趙軍，坑殺趙軍降卒四十餘萬。戰後，白起準備乘勝進軍，一鼓作氣攻破趙國。可是從秦國傳來的卻是退兵的命令，原來秦昭王聽從了范雎的話，以秦兵出師日久，應當讓士卒休整為由，允許韓、趙割地求和。范雎本是一個心胸狹窄的說客，長平大勝使他心生嫉妒，怕滅趙之後，白起威重功高，使自己無法擅權便以巧言斷送了白起宏偉的軍事圖謀，白起因此與范雎有隙。

可是秦國罷兵後，趙國不但不願意獻城反而展開了連齊抗秦的活動，秦昭王於是又命白起統兵攻趙，但遭到白起的拒絕。白起認為秦國已經失去了有利的戰機，不宜再次出兵。暴怒的秦昭王哪懂得戰機稍縱即逝的道理，於秦昭王四十九年，派王陵率兵攻打邯鄲，結果秦軍攻勢受阻，將卒傷亡很大。秦昭王再次任命白起統兵，但白起認為此次更難成功，託病不受命。范雎此時用私黨鄭安平代替白起，不出所料傷亡慘重，且主將鄭安平率兩萬軍隊降趙。孤注一擲的秦昭王親

臨白府對白起說：「你就是躺在擔架上也要為寡人出戰。」熟知兵家之道的白起已經看出殘局無法收拾，坦誠勸秦昭王撤兵，等待新戰機。昭王不聽，反認為白起有意刁難，加之范雎乘機進讒言。於是下令削去白起所有封號爵位，貶為士卒，並強令他遷出咸陽。

由於病體不便，白起並未立即啟程。三月後，秦軍戰敗消息不斷從邯鄲傳來，昭王更遷怒白起，命他即刻動身不得逗留，白起只得帶病上路，行至杜郵，秦昭王與范雎商議，以為白起遲遲不肯奉命，派使者賜劍命其自刎，白起仰天長歎引劍自殺。

▍專家品析

白起是秦國歷史上戰功最為顯赫的大將，征戰沙場三十餘載，攻城不計其數，殲敵上百萬，成為當時六國無人敢迎戰的軍事將領，為秦國的統一大業立下了不世之功，他的作戰指揮藝術創造了中國兵法的最高典範。

白起的作戰特點有四個：一是不以攻城奪地為唯一目標，而是以殲敵有生力量作為主要目的的殲滅戰思想，而且善於野戰進攻，戰必求殲，這是白起最為突出的軍事特點。二是為達殲滅戰目的強調追擊戰，對敵人窮追猛打。三是重視野戰築壘工事，先誘敵軍脫離設壘陣地，再在預期殲敵地區築壘阻敵，並防其突圍。此種以築壘工事作為進攻輔助手段的作戰指導思想，在當時前所未有。四是精確進行戰前料算，不論敵我雙方軍事，政治，國家態勢甚至協力廠商可能採取的應對手段等等皆有精確料算，無一不中，能未戰即可知勝敗。

▋軍事成就 ————

　　白起的作戰指揮藝術，代表了戰國時期戰爭發展的水準。白起用兵，善於分析敵我形勢，然後採取正確的戰略、戰術方針對敵人發起進攻。長平之戰以佯敗誘敵，使其脫離既設陣地，爾後分割包圍戰術，殲敵四十五萬人，創造了先秦戰史上最大的殲滅戰戰例，也是中國歷史上最早、規模最大、最徹底的圍殲戰，規模之大、戰果之輝煌，在世界戰爭史上也是罕見的。

13 傑出軍事指揮家，
輔佐始皇滅六國

—— 王翦 · 戰國

▎生平簡介

姓　　名　王翦。

出 生 地　頻陽東鄉（今陝西省富平縣
　　　　　東北）。

生 卒 年　不詳。

身　　份　軍事家。

主要成就　輔助秦始皇統一六國。

▎名家推介

　　王翦，生卒年不詳，姬姓，王氏，名翦，關中頻陽東鄉人。戰國末期秦國著名戰將，與其子王賁一併成為秦始皇覆滅六國的最大功臣。擁有傑出的軍事指揮才能，與白起、李牧、廉頗並列為戰國四大名將。

　　主要戰績：破趙國都城邯鄲，消滅燕、趙；以秦國絕大部分兵力消滅楚國。王翦畢生的代表一戰就是用六十萬大軍對楚的大戰，這一戰成了三十六計中「以逸待勞」這一計的典型戰役。

▌名家故事 ————

　　長平一戰，秦將白起坑殺了四十萬趙國兵士，讓四十萬趙國父母失去了兒子。但是，趙國卻在遭受這樣的打擊後全國變得空前地團結。剛剛取得戰勝四十萬趙國精銳之師的秦國軍隊卻在王陵和王齕等人的指揮下，被疲憊的趙國少年軍和前來救援的同樣是疲憊不堪的魏韓軍隊打得狼狽撤離趙國，秦軍損兵折將達到了十萬之眾。

　　就在秦王為尋覓不到足以取代已故的白起的將才之時，年輕將領王翦請纓來了。他在朝廷上大聲地說了自己的意見：「我們不能等，韓、魏、趙雖然戰勝了大秦的軍隊，但是他們因此也元氣耗盡了，他們是更需要停戰修養，雖然我們秦軍也遭受一些挫折，但是我們的元氣未損，同時士氣不衰反漲。更重要的是，今年巴蜀穀米大熟，而東方六國正在遭遇蝗蟲災害，他們的國力下降，而我們的國力上升，現在正是我們滅掉六國的最好時機。」

　　就在秦軍戰敗退卻十天以後，王翦帶領三十萬大軍在各州縣充足的糧草輜重供應下，只攜帶了輕便的武器出關，他們的重裝都已經在各地的前沿等候，秦軍一到人馬再和武器結合，就形成了秦軍戰無不勝的戰鬥力。已經喪失了士氣的趙軍被秦軍一擊及潰，而王翦又是一個善於鬥心的戰將，往往秦軍軍力未到，戰勢就先一步摧城拔寨了。幾乎兵不血刃，九座趙城被攻下，面對孤城邯鄲王翦沒有輕易下令總攻，他對邯鄲實行三面的包圍，而在通往秦國西北的方向卻空著一個方向沒有部署任何的兵力。

　　六國想救援，但是秦軍的機動力就在邯鄲蓄勢待發，隨時可以打擊外援。秦軍從北方匈奴取得的一等戰馬現在發揮威力了，六國的騎兵根本就進不了秦軍戰馬的攻擊圈就紛紛退卻。退卻的同時，秦軍的

兵器也要了六國士兵的生命。一馬倒絕，千馬心寒，於是，六國軍隊兵敗如山倒。他們也不是不想救援，派出的試探部隊全都敗北，而自己的軍力也很有限，誰敢於舉國冒險。邯鄲終於在被困三百四十一天後，已經餓得面黃肌瘦的趙國人出城門投降。

秦國橫掃六國，勢如破竹，滅三晉，數破楚軍，燕王逃亡。秦國將領李信年輕氣盛、英勇威武，曾帶著幾千士兵把燕太子丹追擊到衍水，最後打敗燕軍捉到太子丹，秦始皇認為李信賢能勇敢。一天，秦始皇問李信：「我打算攻取楚國，將軍估計調用多少人才夠？」李信回答說：「最多不過二十萬人。」秦始皇又問王翦，王翦回答說：「非得六十萬不可。」秦始皇說：「王將軍老了，這麼膽怯呀！李將軍真是果斷勇敢，他的話是對的。」於是就派李信和蒙恬帶兵二十萬攻打楚國，王翦的話不被採用，就推託有病，回到頻陽家鄉養老。李信攻打平與，蒙恬攻打寢邑，大敗楚軍。李信接著進攻鄢郢，又拿了下來，於是帶領部隊向西前進，要與蒙恬在城父會師。其實，楚軍正在跟蹤追擊他們，連著三天三夜不停息，結果楚國大將項燕大敗李信部隊，秦軍大敗而逃。

秦始皇聽到這個消息，大為震怒，親自乘快車奔往頻陽，見到王翦道歉說：「我由於沒採用您的計策，李信果然使秦軍蒙受了恥辱。現在聽說楚軍一天天向西逼進，將軍雖然染病，難道忍心拋棄了我嗎！」王翦說：「大王一定不得已而用我，非六十萬人不可。」秦始皇滿口答應說：「就只聽將軍的謀劃了。」於是王翦率領著六十萬大軍出發了，秦始皇親自到灞上送行。

王翦代替李信進擊楚國，楚王得知王翦增兵而來，就竭盡全國軍隊來抗拒秦兵。王翦抵達戰場，構築堅固的營壘採取守勢，不肯出兵交戰，楚軍屢次挑戰，始終堅守不出。王翦讓士兵們天天休息洗浴，

供給上等飯食撫慰他們，親自與士兵同飲同食。過了一段時間，王翦派人詢問士兵中玩什麼遊戲？回來報告說：「正在比賽投石看誰投得遠。」於是王翦說：「士兵可以派上用場了。」楚軍屢次挑戰，秦軍不肯應戰，就領兵向東去了，王翦趁機發兵追擊他們，派健壯兵丁實施強擊，大敗楚軍，追到蘄南，殺了他們的將軍項燕，楚軍終於敗逃。秦軍乘勝追擊，佔領並平定了楚國城邑，一天後，俘虜了楚王負芻，最後平定了楚國各地，又乘勢向南征伐百越國王。與此同時，王翦的兒子王賁與李信攻陷平定了燕國和齊國各地。

秦始皇二十六年，秦國兼併了所有的諸侯國，秦統一了天下，王翦將軍的功勞最多，名聲流傳後世。

▋專家品析 ————

王翦是一員智將，在伐楚之時，用請求賞賜田地來消除秦王的疑心，並成為一個典故。從王翦率六十萬秦軍伐楚攻百越直到班師回朝，秦王都不曾表示過懷疑，實屬難得。王翦的安逸終老與白起的不得善終成了鮮明的對比。

司馬遷評論王翦時說：他雖被秦王尊為師，但是不能輔佐秦的統治者建立德政來鞏固國家的統治。他辛辛苦苦幫秦打回來的江山只有二世就煙消雲散，這和秦的暴虐是分不開的，王翦被尊為帝師，可以說沒有負起自己應盡的責任，他死後不久，農民起義的烈火就燃遍大江南北。而最後其孫王離兵敗被殺，也和王翦的過錯是分不開的。這也印證了一句老話：打江山易守江山難。也正是因為這樣，王翦也只能作為一名傑出的軍事家留芳後世，而稱不上是一位合格的政治家。

▌軍事成就 ──────

　　王翦畢生的代表一戰就是用六十萬大軍對楚的大戰，這一戰成了三十六計中「以逸待勞」這一計的典型戰役。以逸待勞講究待機而動，以不變應萬變，以靜對動，積極調動敵人，創造戰機，不讓敵人調動自己，而要努力牽著敵人的鼻子走。

14 修長城抗禦匈奴，保大秦建立奇功

—— 蒙恬 · 秦

▌生平簡介

姓　　名　蒙恬。

出 生 地　齊國（今山東人）。

生 卒 年　？至前二一〇年。

身　　份　秦軍將領、軍事家。

主要成就　收復河套地區、使「胡人不
敢南下而牧馬」。

▌名家推介

　　蒙恬（？-前 210），姬姓，蒙氏，名恬。漢族，祖籍齊國，山東人。傳說他曾改良過毛筆，是西北地方最早的開發者，也是古代開發寧夏第一人。

　　他是秦始皇時期的著名將領，被譽為「中華第一勇士」。他一生中戰功赫赫，主要表現在大敗齊軍、血戰匈奴收復河套。蒙恬對秦朝的赫赫戰功，見於長城的豐功偉績，後人感歎萬千。

▌名家故事 ─────

　　大一統的秦帝國剛剛建立的時候，蒙恬沒有機會去享受一個開國功臣應得的榮華，而是肩負著更艱巨的使命──北定匈奴。西元前二二一年，蒙恬率大軍攻破齊都，實現了秦始皇夢寐以求的全國統一。正當咸陽城裏歡慶勝利的時候，秦國北部邊境傳來匈奴頻繁騷擾並大舉南侵的消息。這時，秦國剛剛統一，人心思定，軍民厭戰。蒙恬不顧連年征戰的辛勞，接受命令收復河套地區。

　　西元前二一五年，蒙恬率領三十萬能征善戰的大軍，日夜兼程趕赴邊關。紮下大營後，他一邊派人偵察敵情，一邊親自翻山越嶺察看地形。第一次交戰，就殺得匈奴人仰馬翻，潰散草原。西元前二一四年的春天，蒙恬跟匈奴人在黃河以北，進行了幾場戰爭，匈奴主力受重創，最後匈奴人被徹底打敗，匈奴人向北逃竄七百餘里。蒙恬並沒有辜負眾望，一戰定河套，打得匈奴魂飛魄散。後人曾形容說「胡人不敢南下而牧馬」，這正是對蒙恬河套戰役功業的稱讚。後來中原再次大亂時，匈奴卻不敢深入漢境，這不能不說與此戰有很大關係。

　　在蒙恬打敗匈奴，拒敵千里之後，他帶兵繼續堅守邊陲。蒙恬又根據「用險制塞」以城牆來制騎兵的戰術，調動幾十萬軍隊和百姓修築長城，把戰國時秦、趙、燕三國北邊的防護城牆連接起來，並重新加以整修和加固。

　　他建起了西起臨洮、東到遼東的長達五千多公里的萬里長城，用來保衛北方農業區域免遭遊牧匈奴騎兵的侵襲。蒙恬在修築萬里長城的壯舉中，起了主要的作用，這延綿萬餘里的長城給後人留下了巨大的文化瑰寶。同時，蒙恬沿黃河河套一帶設置了四十四個縣，統屬九原郡，還建立了一套治理邊防的行政機構。西元前二一一年，三萬多

名罪犯到兆河、榆中一帶墾荒，發展經濟，加強軍事後備力量。這些措施對於邊防的加強起到了積極的作用。另外，蒙恬又派人馬，從秦國都城咸陽到九原，修築了寬闊的直道，克服了九原交通閉塞的困境。這不但加強了北方各族人民經濟、文化的交流和融合，更重要的是對於調動軍隊，運送糧草器械物資等具有重要戰略意義。風風雨雨、烈日寒霜，蒙恬將軍駐守九郡十餘年，威震匈奴，受到秦始皇的推崇和信任。

西元前二一〇年冬，秦始皇嬴政出遊會稽途中患病，派身邊的蒙毅去祭祀山川祈福，不久秦始皇在沙丘病死，死訊被封鎖。

秦始皇死後，趙高擔心扶蘇繼位，蒙恬得到重用對自己不利，就扣住遺詔不發，與胡亥密謀篡奪帝位。他又威逼利誘迫使李斯和他們合謀，假造遺詔。「遺詔」指責扶蘇在外不能立功，反而怨恨父皇，派遣使者以捏造的罪名賜公子扶蘇、蒙恬死罪。扶蘇自殺，蒙恬內心疑慮，請求覆訴。

使者把蒙恬交給了官吏，派李斯等人來代替蒙恬掌握兵權，囚禁蒙恬在陽周。胡亥殺死扶蘇後，便想釋放蒙恬。但趙高深恐蒙氏再次受寵對自己不利，執意要消滅蒙氏，便散佈在立太子問題上，蒙毅曾在始皇面前毀謗胡亥，胡亥於是囚禁並殺死了蒙毅，又派人前往陽周去殺蒙恬。

二世皇帝派遣使者前往陽周，命令蒙恬說：「您的罪過太多了，而你的弟弟蒙毅犯有重罪，依法要牽連到你。」蒙恬說：「從我的祖先到後代子孫，為秦國累積大功，建立威信已經三代了。如今我帶兵三十多萬，即使是我被囚禁，但是，我的勢力足夠叛亂。然而，我知道必死無疑卻堅守節義，是不敢辱沒祖宗的教誨，不敢忘掉先主的恩寵。」使者說：「我只是受詔來處死你，不敢把將軍的話傳報皇上。」

蒙恬沉重地歎息說：「我對上天犯了什麼罪，竟然沒有過錯就被處死？」很久才慢慢地說：「我的罪過本來該當死罪啊，起自臨洮接連到遼東築長城、挖壕溝一萬餘里，這中間能沒有截斷大地脈絡的地方嗎？這就是我的罪過了。」於是吞下毒藥自殺了。

▌專家品析

秦朝戰將如雲，蒙恬則是其中閃亮的將星。其實，兩千多年以前的蒙恬距離我們實在太過遙遠，我們非但不可能有這位大將的真實照片，甚至也得不到一幅他的肖像畫，即使在史書之中，也沒有太多關於他的具體描述。但將軍的豐功偉績和忠肝義膽卻被人們深深記在了心裏，他不僅成為世代名將效仿的楷模，更是千古愛國志士的永遠豐碑。

對於今天的人，歷史就是一張寫滿字的紙，一切都已寫成，無可更改；但對於古人來說，歷史卻是他們的將來，他們的決定就可以影響歷史。忠君儒雅的性格，決定了蒙恬最終的選擇，同時也註定了後來的歷史，但後來的歷史並沒有忘記這位愛國將領的豐功偉績，至今人們還記住了他的才能。

▌軍事成就

大將蒙恬，「大」字首先來自大謀大略；其次，大將蒙恬，「大」字也來自大武大勇。所以，大將蒙恬的「大」字還來自非凡的品質。大將蒙恬，「大」字是一種大氣、豪氣、勇氣，是中華民族的一種可貴品質。

15 巨鹿大戰滅秦軍，
推翻暴秦霸王君

—— 項羽・秦

▌生平簡介

姓　　名　項羽。

別　　名　項籍。

出 生 地　下相（今江蘇省宿遷市宿城
　　　　　區）。

生 卒 年　西元前二三二至前二〇二年。

身　　份　西楚霸王、軍事家。

主要成就　巨鹿之戰消滅秦軍主力、推
　　　　　翻秦朝。

▌名家推介

　　項羽（西元前 232-前 202），名籍，字羽，通常被稱作項羽，漢族。下相（今江蘇宿遷）人，中國古代傑出軍事家及著名政治人物。

　　他是中國軍事思想「勇戰」派代表人物，秦末起義軍領袖。秦末隨項梁發動會稽起義，巨鹿之戰大破秦軍主力，秦亡後自立為西楚霸王，統治黃河及長江下游的梁、楚九郡。在楚漢戰爭中為漢王劉邦所敗，在烏江自刎而死。項羽的勇武古今無雙，他是中華數千年歷史上最為勇猛的將領，「霸王」一詞，專指項羽。

▌名家故事 ────

　　說起秦朝，人們總是先想到大秦雄師氣吞如虎、橫掃六國的氣概，讓千年來無數風流志士遐想和謳歌。大秦的興起，內在戰爭機器的瘋狂開動，外在百萬鐵軍的征討四方，開拓前所未有的疆域使天下一統。然而短短十五年間，泱泱大秦，毀於一旦，秦朝大廈倒塌之快，內在外在有各種問題，但是給予大秦最沉重一擊，使強悍的大秦再無能力開動它的戰爭機器，無疑是項羽的天才之作──巨鹿之戰。

　　項羽到巨鹿後開始謀劃對秦軍來一場世紀豪賭，賭注就是自己的性命加上幾萬楚軍，輸則全軍覆沒，身死當場；而贏則大秦的天下盡歸自己的手中。

　　戰前，項羽深入分析了一下當時的客觀形勢，有以下幾個方面：自己的對手是強大的百戰百勝的鐵血精銳，相比之下自己的實力異常弱小。同時自己屬於沒有後路，不能久戰，處於一個沒有任何外援，沒有任何退路的地步。而糧草更是問題，不但項羽軍沒有任何供應，秦軍圍巨鹿有三個月，巨鹿將隨時可能被秦軍所攻破，同時各個諸侯國的盟友怯怯畏戰，保存實力。雖然各路諸侯援軍都知道天下之勢在此一舉，但是由於兵少將寡，其心各異，誰都不願意把自己陪進去，所以想指望諸侯援軍，幫助自己比登天還難。

　　項羽不愧為是軍事天才，立刻就發現秦軍的弱點，秦軍王離兵圍巨鹿，章邯軍駐紮在南邊，兩支軍隊像兩把虎鉗，牢牢地盯死獵物，而弱點就在兩鉗之間的心臟。項羽要直接實施黑虎掏心戰略，只有切斷兩支虎鉗的聯繫，集中力量攻其一支才可以有希望獲勝。

　　為了得到更多的情報，讓秦軍露出破綻，項羽先派英布、蒲將軍帶上自己的兩萬人馬渡河進攻秦軍甬道。英布、蒲將軍不負所望，迅

速擊敗看守甬道的秦軍。從這場小勝利，項羽看到秦軍的問題是甬道虛弱，而章邯軍疲憊不堪，決定抓住時機全軍進攻秦軍，這個時候陳餘又派人向項羽請戰，項羽於是派陳餘做出救趙的姿態吸引王離軍的注意。

項羽帶著剩餘的主力部隊，全部渡河，隨後破釜沉舟，以示「不戰勝毋寧死」的大無畏精神，充分運用了「陷之死地而後生，置之亡地而後存」的軍事思想，把一支向心力不足的軍隊栓成一根繩，只有一起向前衝，打敗秦軍才有活路，在項羽的手段下，楚兵的求戰欲望高漲。項羽還命人打破做飯的鍋，每人只帶三天乾糧。項羽不但要以劣勢兵力擊敗秦軍，還要用三天時間擊敗秦軍，如果三天之內不能滅掉秦軍奪取糧草，就算擊敗秦軍還是一個死字！

當時的情形，章邯軍和王離軍互成犄角，打援兼顧，兵力上處於極大劣勢的項羽軍，如果想消滅兩支大軍，那是天方夜譚。而如今王離軍圍巨鹿，防諸侯，陣勢佈局給了項羽可趁之機，正是滅王離軍的好時機。章邯軍虎視眈眈就是趁項羽軍攻王離而前後夾擊，但是章邯的援軍也不是毫無破綻，派兵保護甬道就有兵力的分散。這種情況下就是要利用兩軍犄角的空隙，大膽的玩一場刀尖上跳舞，在秦軍眼皮底下放手一搏，在如此短的距離玩一場真正的運動戰，所以必須要快，快到秦軍主帥完全沒有意識過來，快到秦軍沒有時間部署，快到秦軍來不及配合，快到秦軍反映過來已經全軍覆滅的程度。

項羽開始進攻，把主力匯合在一起，直接進攻甬道，切斷王離軍的糧草。章邯聽到消息後，立刻帶軍援救甬道，正中項羽之計，項羽以逸待勞，大攻章邯，章邯沒有料到項羽孤注一擲，把所有籌碼都壓了上去，由於英布軍前期的騷擾戰的迷惑，章邯還以為項羽又在玩斷糧遊戲，搞搞破壞然後跑人，連陣型都沒有佈置好就帶軍救援。這次

項羽來真格的，有心算無心，決戰對救援，勝負可想而知。

　　章邯遭遇大敗，準備休整後再戰。此時項羽擊退章邯軍後，立刻馬不停蹄殺向毫無準備的王離軍。王離軍圍巨鹿，這幾天在防備陳餘的虛張聲勢，突然聽說項羽領軍殺來，大吃一驚。由於此刻陣型鬆散，只好命大將蘇角倉促迎戰。此時項羽早作好戰略部署，對鬆散的秦軍實行穿插，分割，包圍，而項羽親自帶兵直攻秦軍指揮中樞。接著項羽把秦軍一一分割，殺蘇角，擒王離，九戰九勝。諸侯看到形勢有利，立刻加入痛打落水狗的行列。諸侯包圍秦軍，巨鹿城的趙軍裏應外合，全殲王離軍，王離的大將涉間絕望放火自殺。曾經滅六國擊敗匈奴的雄師，就這樣煙消雲散了！

▌專家品析 ────

　　巨鹿之戰是秦末農民戰爭所取得的一場巨大勝利，它基本上摧毀了秦軍的主力，扭轉了整個戰局，奠定了反秦鬥爭勝利的基礎。而項羽以六萬破二十萬，如此懸殊的戰果令無數後世人對他充滿了好奇和景仰。

　　項羽在戰爭中「破釜沉舟」，讓士兵僅帶三天的乾糧，做殊死拚搏，結果九戰九勝，最後大敗秦軍於巨鹿，打出了項羽的威名，從此鑄就了他西楚霸王的威名。一直做壁上觀的各路諸侯，目睹了秦楚間的幾次惡戰，無不紛紛投靠項羽，曾經不可一世的大秦軍隊就這樣土崩瓦解。「破釜沉舟」這一典故也隨之流傳千古。

▍軍事成就 ————————

　　巨鹿之戰，是秦末農民大起義中，項羽率領六萬楚軍同秦將章邯、王離所率四十餘萬秦軍主力在巨鹿進行的一場重大決戰性戰役，也是中國歷史上著名的以少勝多的戰役之一。項羽軍破釜沉舟，大敗二十萬秦軍，使秦軍受到嚴重損失，並迫使另外二十萬秦軍不久投降。而項羽則確立了在各路義軍中的領導地位，經此一戰，秦朝名存實亡。

16 兵仙戰神集一身，
王侯將相立功勳

—— 韓信‧西漢

▍生平簡介

姓　　名　韓信。
出 生 地　淮陰（今江蘇淮安）。
生 卒 年　西元前二三一至前一九六年。
身　　份　軍事家、淮陰侯。
主要成就　協助西漢開國。

▍名家推介

　　韓信（西元前 231-前 196），淮陰（今江蘇淮安）人，西漢開國功臣，中國歷史上傑出的軍事家，「漢初三傑」之一，為漢朝的建立立下汗馬功勞。因功高震主而又不自檢約束，最終被呂後害死。他曾與張良一道整理兵家著述，著有兵法三篇，已失傳。

　　韓信是中國軍事思想「謀戰」派代表人物，被後人奉為「兵仙」、「戰神」。「王侯將相」韓信一人全任。「國士無雙」、「功高無二，略不世出」是楚漢時人們對他的評價。

▌名家故事 ————————

　　韓信為平民，性格放縱而不拘禮節。未被推選為官吏，又無經商謀生之道，常常依靠別人周濟糊口度日，許多人都討厭他。

　　韓信在城下釣魚，有幾位老大娘洗衣服，其中一位大娘看見韓信餓了，就拿出飯給韓信吃。幾十天都如此，直到漂洗完畢。韓信很高興，對那位大娘說：「我一定重重地報答您老人家。」大娘生氣地說：「大丈夫不能養活自己，我是可憐你這位公子才給你飯吃，難道是希望你報答嗎？」

　　淮陰屠戶中有個年輕人侮辱韓信說：「你雖然長得高大，喜歡帶刀佩劍，其實是個膽小鬼罷了。」又當眾侮辱他說：「你要不怕死，就拿劍刺我；如果怕死，就從我胯下爬過去。」於是韓信仔細地打量了他一番，低下身去，趴在地上，從他的胯下爬了過去。滿街的人都笑話韓信，認為他膽小。

　　陳勝、吳廣起義後，韓信幾經波折投奔了劉邦。韓信多次同蕭何交談，蕭何也十分賞識他。劉邦被項羽封為漢王，從長安到達南鄭，就有數十位將領逃亡。韓信因為蕭何等人多次在劉邦面前舉薦過自己而漢王不用，也逃走了。蕭何聽說韓信逃走，來不及向劉邦報告便去追趕韓信。過了一兩天，蕭何前來進見，劉邦又怒又喜，罵問蕭何為何逃跑，蕭何說他不敢逃跑，他只是去追逃亡的韓信，在蕭何的一再舉薦下，劉邦答應拜韓信為將。

　　漢元年八月，被封漢王的劉邦乘項羽進攻齊地田榮之機，決計兵出南鄭襲占關中，與項羽爭天下，楚漢戰爭爆發，劉邦拜韓信為大將。

　　韓信採取明修棧道，暗渡陳倉之計，派樊噲、周勃率軍萬餘大張

聲勢地搶修棧道，吸引三秦王的注意力，自己則親率軍隊翻越秦嶺，襲擊陳倉。他迅速佔領關中大部，平定三秦之地，取得對楚的初戰勝利。

當韓信破襲臨淄時，項羽聞訊派遣龍且親率兵馬與齊王田廣合力抗擊，號稱二十萬兵力，龍且輕視韓信，又急於求戰功，率兵與韓信軍隔濰水東西兩岸擺開陣勢。韓信連夜派人做了一萬多條袋子盛滿沙土，堵塞濰河上流。率一半軍隊涉水進擊龍且的軍隊，龍且出兵迎擊，韓信佯裝敗退，龍且以為韓信怯弱，率軍渡江進擊。這時韓信命人決開堵塞濰河的沙袋，河水奔流而下，龍且的軍隊大半沒有渡過去被淹死，韓信揮軍猛烈截殺，殺死龍且。東岸齊、楚聯軍見西岸軍被殲，四處逃散，韓信率軍渡水追擊到城陽，楚兵多數被俘虜，齊王田廣逃走不久被殺，漢四年齊地全部平定。

接著韓信一連滅魏、徇趙、脅燕、定齊。齊國平定之後，他派人向劉邦上書說：「齊國狡詐多變，是個反復無常的國家，南邊又與楚國相鄰，如不設立一個代理王來統治，局勢將不會安定。我希望做代理齊王，這樣對形勢有利。」當時，項羽正把劉邦緊緊圍困在滎陽，情勢危急，看了韓信上書內容，劉邦十分惱怒，大罵韓信不救滎陽之急竟想自立為王。張良、陳平暗中踩劉邦的腳，湊近他的耳朵說：「漢軍處境不利，怎麼能禁止韓信稱王呢？不如就此機會立他為王，好好善待他，使他自守一方，否則可能發生變亂。」劉邦經提醒也明白過來，於是派張良前去立韓信為齊王，徵調他的部隊攻打楚軍。

漢高帝五年，劉邦趁項羽無備，楚軍饑疲，突然對楚軍發動戰略追擊。楚軍反擊，劉邦大敗而歸。韓信從齊地南下，佔領楚都彭城和今蘇北、皖北、豫東等廣大地區，兵鋒直指楚軍側背，彭越也從梁地西進，漢將劉賈會同九江王英布從城父北上，劉邦則率部出固陵東

進，漢軍形成從南、北、西三面合圍楚軍的態勢，項羽被迫撤退於垓
下。五年十二月，劉邦、韓信、劉賈、彭越、英布等各路漢軍約四十
萬人與十萬楚軍於垓下展開決戰，漢軍以韓信率軍居中，將軍孔熙為
左翼、陳賀為右翼，劉邦率部跟進，將軍周勃斷後。韓信揮軍進攻失
利，引兵後退，命左、右翼軍繼續攻擊。楚軍迎戰不利，韓信再揮軍
反擊，楚軍大敗，退入壁壘堅守，被漢軍重重包圍。楚軍屢戰不勝，
士兵疲憊，糧草奇缺，楚軍大敗，十萬軍隊被全殲，項羽逃至東城自
刎而死。劉邦於是揮軍進入定陶，來到韓信軍中，收奪了他的兵權，
後改封韓信為楚王，都城下邳。

　　後來劉邦聽信讒言，韓信被貶為淮陰侯。他深知高祖劉邦畏懼他
的才能，所以從此常常裝病不參加朝見或跟隨高祖出行。

　　西元前一九六年寒冬正月，大漢開國元勳淮陰侯韓信死於長樂鍾
室，年僅三十三歲。隨後，韓信三族被誅，數千無辜，血染長安，哭
號之聲，傳蕩千古，當時，寒風凜冽，長空飄雪，長安滿城人人嗟
歎，無不悲愴。

▌專家品析 ────────

　　韓信熟諳兵法，自言用兵「多多益善」，作為戰術家韓信為後世
留下了大量的戰術典故：明修棧道，暗渡陳倉、臨晉設疑、夏陽偷
渡、木罌渡軍、背水為營、拔幟易幟、傳檄而定、沉沙決水、半渡而
擊、四面楚歌、十面埋伏等。他的用兵之道被歷代兵家所推崇。

　　韓信是大漢王朝第一功臣，為漢朝的天下立下赫赫功勞。關於韓
信之死，後人詮釋為：「狡兔死，走狗烹；飛鳥盡，良弓藏；敵國

破，謀臣亡。」天下已定，韓信位居人臣之位，有功高震主之威，最後劉邦賞無可賞，所以韓信只有死路一條，為後世留下慨歎。

▌軍事成就

韓信作為軍事戰略家，他在拜將時的言論，成為楚漢戰爭勝利的根本方略；作為軍事統帥，他一人之下，萬人之上，率軍出陳倉、定三秦、擒魏、破代、滅趙、降燕、伐齊，直至垓下全殲楚軍，無一敗績，天下莫敢與他相爭；作為軍事理論家，他與張良整兵書，並著有兵法三篇。

17 德才兼備得爵位，
七王之亂成功臣

——周亞夫·西漢

▌生平簡介

姓　　名　周亞夫。

出 生 地　沛縣（今江蘇沛縣）。

生 卒 年　西元前一九九至前一四三年。

身　　份　軍事家。

主要成就　平定七國之亂。

▌名家推介

　　周亞夫（西元前 199-前 143），西漢時期的著名將軍、軍事家，漢族，沛縣（今江蘇沛縣）人。

　　他是西漢開國元勳名將絳侯周勃的次子，一生治軍嚴明，深有謀略，屢建奇功。漢景帝七年，繼陶青後為丞相，中元三年，因病被免職。周亞夫才能卓越，一生出將入相，在中國歷史上負有盛名。在七國之亂中，他統帥漢軍，三個月平定了叛軍，後死於獄中。

▌名家故事 ────

　　周亞夫和哥哥周勝之，均是西漢開國功臣絳侯周勃的兒子。哥哥周勝之繼承了父親的爵位，過了三年，周勝之因殺人罪被剝奪了侯爵之位。漢文帝念周勃對漢朝建國立下戰功，所以不願意就此剝奪了周家的爵位，於是下令推選周勃兒子中最好的來繼承爵位，大家一致推舉了周亞夫，所以周亞夫就繼承了父親的爵位。

　　漢文帝二十二年，匈奴進犯北部邊境，文帝急忙調邊將鎮守防禦。當時任河內太守的周亞夫守衛細柳。文帝為鼓舞士氣，親自到三路軍隊裏去犒勞慰問。他先到灞上，再到棘門，這兩處都不用通報，見到皇帝的車馬來了，軍營都主動放行。而且兩地的主將直到文帝到了才知道消息，迎接時慌慌張張，送文帝走時也是親率全軍送到營寨門口。

　　文帝到了周亞夫的營寨，和先去的兩處截然不同，前邊開道的被攔在營寨之外，在告知天子要來慰問後，軍門的守衛都尉卻說：「將軍有令，任何人不可入內。」天子到了軍中大帳前，周亞夫一身戎裝，出來迎接，手持兵器向文帝行拱手禮：「甲冑在身不拜，請陛下允許臣下以軍中之禮拜見。」文帝聽了非常感動，欠身扶著車前的橫木向將士們行軍禮。勞軍完畢出了營門，文帝感慨地對驚訝的群臣說：「這才是真將軍啊！那些霸上和棘門的軍隊，簡直是兒戲一般，如果敵人來偷襲，恐怕他們的將軍也要被俘虜了。周亞夫的軍隊就不可能有機會被敵人偷襲。」好長時間裏，文帝對周亞夫都讚歎不已。

　　一個月後，匈奴兵退去。文帝命三路軍隊撤兵，然後升任周亞夫為中尉，掌管京城的兵權，負責京師的警衛。

　　後來，漢文帝病重彌留之際，囑咐太子劉啟也就是後來的漢景帝

說：「以後關鍵時刻可以用周亞夫，他是可以放心使用的將軍。」文帝去世後，景帝任命周亞夫做了驃騎將軍。

漢景帝三年，吳王劉濞聯合楚王劉戊、膠東王劉印等七國發動叛亂，打出「誅晁錯、清君側」的旗號。景帝於是升周亞夫為太尉，領兵平叛。這時的叛亂軍正在猛攻梁國，但周亞夫並不想直接救援，他向景帝提出了自己的戰略計畫：「楚軍素來剽悍，戰鬥力很強，如果正面決戰，難以取勝。我打算先暫時放棄梁國，從背後斷其糧道，然後伺機再擊潰叛軍。」景帝同意了周亞夫的計畫。

於是周亞夫繞道進軍，到了灞上，再往右繞道進軍，以免半路受到叛軍的襲擊，走藍田、出武關，迅速到達了雒陽。

此時的梁國被叛軍輪番急攻，梁王向周亞夫求援，周亞夫卻派軍隊向東到達昌邑城，堅守不出。梁王再次派人求援，周亞夫還是不發救兵。最後梁王寫信給景帝，景帝又下詔要周亞夫進兵增援，周亞夫還是不為所動，但他卻暗中派軍截斷了叛軍的糧道，還派兵劫去叛軍的糧食，叛軍只好先來攻打周亞夫，但幾次挑戰，周亞夫都不出戰。幾天後，叛軍大舉進攻軍營的東南，聲勢浩大，但周亞夫卻讓部下到西北去防禦。結果在西北遇到叛軍主力的進攻，由於有了準備，所以很快擊退了叛軍。叛軍因為缺糧，最後只好退卻，周亞夫趁機派精兵追擊，取得勝利。叛軍頭領劉濞的人頭也被越國人割下送來，這次叛亂經三個月就很快平定了。

西元前一五二年，丞相陶青有病退職，景帝任命周亞夫為丞相。開始景帝對他非常器重，但周亞夫性格耿直，不會講政治策略。後來，有兩件事導致了周亞夫的悲劇。一件是皇後的兄長封侯；一件是匈奴將軍封侯。

竇太後想讓景帝封皇後的哥哥王信為侯，但景帝不願意，景帝和

周亞夫商量時，周亞夫說：「高祖說過，不姓劉的不能封王，沒有功勞的不能封侯，如果封王信為侯，就是違背了先祖的誓約。」景帝聽了無話可說。

後來匈奴將軍唯許盧等五人歸順漢朝，景帝非常高興，想封他們為侯，以鼓勵其他人也歸順漢朝，但周亞夫又反對，景帝很不高興，還是將那五人都封了侯。周亞夫很失落，託病辭職，景帝批准了他的要求。

周亞夫回來後，兒子越來越感覺他年歲老了，就偷偷買了五百甲盾，準備在他去世時發喪時用，國家是禁止個人買賣甲盾的，後來被人告發說他要謀反，於是，景帝派人追查此事。負責調查的人叫來周亞夫，詢問原因。周亞夫不知道兒子做了什麼，對問題不知如何回答，負責的人以為他在賭氣，便向景帝報告。景帝很生氣，將周亞夫交給最高司法官廷尉審理。廷尉問周亞夫：「君侯為什麼要謀反啊？」周亞夫答道：「兒子買的都是喪葬品，怎麼說是謀反呢？」廷尉諷刺道：「你就是不在地上謀反，恐怕也要到地下謀反吧！」

周亞夫受此屈辱，無法忍受，開始差官召他入朝時就要自殺，被夫人阻攔，這次又受羞辱，更是難以忍受，於是絕食抗議，五天後，吐血身亡。

▌專家品析

周亞夫的一生幹了兩件輝煌的大事：一是駐軍細柳，嚴於治軍，為保衛國都長安免遭匈奴鐵騎的踐踏而做出了貢獻。二是指揮平定七國之亂，粉碎了諸侯王企圖分裂和割據的陰謀，維護了統一安定的政

治局面。可以說沒有七國之亂的平定，就不會有諸侯王國割劇勢力威脅中央政權問題的最終解決，同樣也就難以出現漢武帝時的強盛局面。顯然周亞夫為鞏固西漢王朝的統治立下了汗馬功勞。

　　周亞夫為漢代傑出的軍事家，但就是這樣一位功臣，最後卻落了一個淒慘的下場，造成這一悲劇的原因，所謂「性格決定命運」，周亞夫的命運悲劇，與他耿直的性格有相當大的關係。

▌軍事成就

　　最終解決了漢朝諸侯王國割據勢力威脅中央政權的問題，為鞏固西漢王朝的統治立下了汗馬功勞。

18 能征慣戰守疆域，
抗擊匈奴奇功勳

—— 衛青・西漢

生平簡介

姓　　名	衛青。
字	仲卿。
出 生 地	河東平陽（今山西臨汾市）。
生 卒 年	？至前一〇六年。
身　　份	大司馬大將、軍長平侯。
主要成就	抗擊匈奴。

名家推介

　　衛青（？-前 106），字仲卿，漢族，河東平陽（今山西臨汾市）人。他是西漢時期能征慣戰、為漢朝北部疆域的開拓做出過重大貢獻的將領，也是中國歷史上為人熟知的常勝將軍。

　　衛青是漢武帝時期抗擊匈奴的主要將領，衛青一生七次率兵抗擊匈奴。用兵敢於深入，為將號令嚴明，與士卒同甘苦，作戰奮勇爭先，將士都願為他效力。他一生處世謹慎，奉法守職。

▌名家故事 ────────

　　漢武帝元光六年，匈奴又一次興兵南下，前鋒直指上谷，漢武帝果斷地任命衛青為車騎將軍，迎擊匈奴。從此，衛青開始了他的戎馬生涯。這次用兵，漢武帝分派四路出擊。車騎將軍衛青直出上谷，騎將軍公孫敖從代郡出兵，輕車將軍公孫賀從雲中出兵，驍騎將軍李廣從雁門出兵。四路將領各率一萬騎兵。衛青首次出征，但他英勇善戰，直搗龍城，消滅匈奴數千人，取得勝利。另外三路，兩路失敗，一路無功而還。漢武帝看到只有衛青勝利凱旋，非常賞識，加封關內侯。

　　元朔元年秋天，匈奴騎兵大舉南下，攻破遼西殺死遼西太守，又打敗漁陽守將韓安國，劫掠百姓兩千多人。漢武帝派李廣鎮守右北平，匈奴兵避開李廣，從雁門關入塞，進攻漢朝北部。漢武帝又派衛青出征，並派李息從代郡出兵，從背後襲擊匈奴。衛青率三萬騎兵，長驅而進，趕往前線。衛青本人身先士卒，將士們更是奮勇爭先，斬殺、俘獲敵人數千名，匈奴大敗而逃。

　　元朔二年，匈奴集結大量兵力，進攻上谷、漁陽。武帝派衛青率大軍進攻久為匈奴盤踞的黃河河套地區，這是西漢對匈奴的第一次大戰役。衛青率領四萬大軍從雲中出發，採用迂迴側擊的戰術，繞到匈奴軍的後方，迅速攻佔高闕，切斷了駐守河套地區的匈奴白羊王、樓煩王同單于王庭的聯繫。然後，衛青又率精騎飛兵南下，進兵隴縣西，形成了對白羊王、樓煩王的包圍，匈奴白羊王、樓煩王見勢不好，倉惶率兵逃走。漢軍活捉匈奴兵數千人，奪取牲畜一百多萬頭，完全控制了河套地區。此戰衛青立有大功，被封為長平侯，食邑三千八百戶。

　　經過幾次打擊，匈奴依然猖獗。元朔六年二月，漢武帝又命衛青攻打匈奴，公孫敖為中將軍，公孫賀為左將軍，趙信為前將軍，蘇建為右將軍，李廣為後將軍，李沮為強弩將軍，分領六路大軍，統歸大將軍衛青指揮，浩浩蕩蕩從定襄出發，北進數百里，這次戰役中，共取得了殲敵兩千餘人的輝煌戰果，戰後全軍返回定襄休整，一個月後再次出塞，斬獲匈奴軍一萬多名。

　　為了徹底擊潰匈奴主力，漢武帝集中全國的財力物力，準備發動對匈奴的第三次大戰役。元狩四年春，漢武帝召集諸將開會，商討進軍方略。他說：「匈奴單于採納趙信的建議，遠走沙漠以北，認為我們漢軍不能穿過沙漠，即使穿過，也不敢多停留。這次我們要發起強大的攻勢，達到我們的目的。」於是挑選了十萬匹精壯的戰馬，由大將軍衛青、驃騎將軍霍去病各率精銳騎兵五萬人，分作東西兩路，遠征漠北。為解決糧草供應問題，漢武帝又動員了私人馬匹四萬多，步兵十餘萬人負責運輸糧草輜重，緊跟在大軍之後。

　　原計劃遠征大軍從定襄北上，由霍去病率驍勇善戰的將士專力對付匈奴單於。後來從俘獲的匈奴兵口中得知匈奴伊稚斜單于遠在東方，於是漢軍重新調整戰鬥序列，漢武帝命霍去病從東方的代郡出塞，衛青從定襄出塞。

　　大將軍衛青麾下，李廣為前將軍，公孫賀為左將軍，趙食其為右將軍，曹襄為後將軍。衛青自己率左將軍公孫賀、後將軍曹襄從正面進兵，直插匈奴單于駐地。

　　衛青大軍北行一千多里，跨過大沙漠，與嚴陣以待的匈奴軍遭遇了，衛青臨危不懼，命令部隊用鐵甲兵車迅速環繞成一個堅固的陣地，然後派出五千騎兵向敵陣衝擊。匈奴出動一萬多騎兵迎戰，雙方激戰在一起，非常慘烈。黃昏時分，忽然刮起暴風，塵土滾滾，沙礫

撲面，頓時一片黑暗，兩方軍隊互相不能分辨。衛青乘機派出兩支生力軍，從左右兩翼迂迴到單於背後，包圍了單于的大營。伊稚斜單於發現漢軍數量如此眾多，而且人壯馬肥，士氣高昂，大為震動，知道無法取勝，就慌忙跨上馬，在數行精騎的保護下奮力突圍，向西北方向飛奔而去。

這時，夜幕已經降臨，戰場上雙方將士仍在喋血搏鬥，喊殺聲驚天動地。衛青得知伊稚斜單于已突圍逃走，馬上派出輕騎兵追擊。匈奴兵不見了單于，軍心大亂，四散逃命。衛青率大軍乘夜挺進。天亮時，漢軍已追出二百多里，雖然沒有找到單于的蹤跡，卻斬殺並俘虜匈奴官兵近兩萬人。衛青大軍一直前進到真顏山趙信城，繳獲了匈奴屯積的糧草，補充軍用。他們在此停留了一天，然後燒毀趙信城及剩餘的糧食，勝利班師。

這次戰役，漢軍打垮了匈奴的主力，使匈奴元氣大傷，再也沒有能力南下窺視漢朝。從此以後，匈奴逐漸向西北遷徙，出現了「漠南無王庭」，匈奴對漢朝的軍事威脅基本上解除了。

▎專家品析 ────────

衛青是漢武帝時期抗擊匈奴的主要將領，華夏傑出志士，霍去病的舅舅，二者並稱「帝國雙璧」。衛青開啟了漢對匈奴戰爭的新篇章，七戰七捷，無一敗績，為歷代兵家所敬仰。

衛青率軍與匈奴作戰，屢立戰功，按《史記》記載其所得封邑總共有一萬六千七百戶，《漢書》為二萬二百戶。

▌軍事成就 ────────

　　衛青在抗擊匈奴進犯的戰爭中，前後七次率兵出塞，為漢朝立下了不可磨滅的戰功。此後，漢武帝除了獎賞兩路大軍的有功人員外，並加封衛青、霍去病為大司馬，衛青的尊榮在當時達到了登峰造極的程度。

19 大司馬驃騎將軍，
抗匈奴英年早逝

—— 霍去病・西漢

▍生平簡介

姓　　名	霍去病。
出 生 地	河東平陽（今山西臨汾西南）。
生 卒 年	西元前一四〇至前一一七年。
身　　份	大司馬驃騎將軍。
主要成就	抗擊匈奴。

▍名家推介

　　霍去病（西元前 140-前 117），漢族，河東郡平陽縣（今山西臨汾西南）人。十九歲為大司馬驃騎將軍，中國西漢武帝時期的傑出軍事家。

　　他是衛青的親外甥，十七歲從軍，二十四歲病亡，短暫一生戰功無數，最得意的便是封狼居胥，以數萬漢朝騎兵長驅直入北地大漠數千里，殲滅匈奴七萬精銳，兵到狼居胥山。

▌名家故事 ────────

在衛青建功立業的同時，霍去病也漸漸長大了，在舅舅的影響下，他自幼精於騎射，雖然年少，卻不屑於像其他王孫公子那樣待在長安城裏放縱聲色享受長輩的蔭庇，他渴望殺敵立功。元朔六年，衛青領軍二出定襄，十八歲的霍去病開始跟從衛青出征。衛青任命霍去病為嫖姚校尉，他帶領八百騎兵，作為一支奇兵脫離大軍在茫茫大漠裡賓士數百里奇襲匈奴，打擊匈奴的軟肋，此仗霍去病斬敵兩千餘人，殺匈奴單于祖父，俘虜單于的國相及叔叔。漢武帝將他封為「冠軍侯」，讚歎他的勇冠三軍。

元狩二年春天，霍去病被任命為驃騎將軍，獨自率領精兵一萬出征匈奴，這就是河西大戰。十九歲的統帥霍去病不負眾望，在千里大漠中閃電奔襲，打了一場漂亮的大迂迴戰。六天中他轉戰匈奴五部落，一路猛進，並在皋蘭山與匈奴盧侯王、折蘭王打了一場硬碰硬的生死戰，此戰中，霍去病慘勝，一萬精兵僅餘三千人，而匈奴更是損失慘重——盧侯王和折蘭王都戰死，渾邪王子及相國、都尉被俘虜，斬敵八千九百六十人，匈奴休屠祭天金人也成了漢軍的戰利品。此戰後，漢武帝封霍去病二千二百戶。

同年夏天，漢武帝決定乘勝追擊，展開收復河西之戰。霍去病成為漢軍的統帥，而作戰多年的老將李廣等人只作為他的策應部隊，戰鬥中李廣所部被匈奴左賢王包圍，霍去病於是孤軍深入，在祁連山脈霍去病所部斬敵三萬餘人，俘虜匈奴王爺五人以及匈奴大小閼氏、匈奴王子五十九人、相國將軍當戶都尉共計六十三人。經此一役，匈奴不得不退到焉支山北，漢王朝收復了河西平原。從此，漢軍軍威大振，而十九歲的霍去病更成了令匈奴人聞風喪膽的戰神。

　　兩場河西大戰後，匈奴單于想狠狠地處理一再敗陣的渾邪王，消息走漏後渾邪王和休屠王便想要投降漢朝。漢武帝不知匈奴二王投降的真假，派霍去病前往黃河邊受降。當霍去病率部渡過黃河的時候，果然匈奴降部中發生了嘩變。面對這樣的情形，霍去病竟然只帶著數名親兵就親自衝進了匈奴營中，直面渾邪王，下令他誅殺嘩變士卒。霍去病的氣勢不但鎮住了渾邪王，同時也鎮住了四萬多名匈奴人，他們最終沒有將嘩變繼續擴大。漢王朝的版圖上，從此多了武威、張掖、酒泉、敦煌四郡，河西走廊正式併入漢王朝。

　　元狩四年，為了徹底消滅匈奴主力，漢武帝發起了規模空前的「漠北大戰」。漢武帝對霍去病的能力無比信任，在這場戰爭的事前策劃中，原本安排了霍去病打單于，結果由於情報錯誤，這個對局變成了衛青的，霍去病沒能遇上他最渴望的對手，而是碰上了左賢王部。

　　在深入漠北尋找匈奴主力的過程中，霍去病率部奔襲兩千多里，以一萬五千的損失數量，殲敵七萬多人，俘虜匈奴王爺三人，以及將軍相國當戶都尉八十三人。大概是渴望碰上匈奴單于，霍去病一路追殺，來到了今蒙古肯特山一帶。就在這裏，霍去病暫作停頓，率大軍進行了祭天地的典禮——祭天封禮於狼居胥山舉行，這是一個儀式，也是一種決心。封狼居胥之後，霍去病繼續率軍深入追擊匈奴，一直打到翰海（今俄羅斯貝加爾湖）方才回兵。從長安出發，一直奔襲至貝加爾湖，在一個幾乎完全陌生的環境裏一路大勝，體現出一代少年軍事家輝煌的成就。

　　元狩六年，二十四歲的驃騎將軍霍去病去世了，諡封景桓侯。漢武帝對霍去病的死非常悲傷。他調來鐵甲軍，列成陣沿長安一直排到茂陵霍去病墓地。他還下令將霍去病的墳墓修成祁連山的模樣，彰顯

他力剋匈奴的奇功。

　　後人對霍去病將軍的仰慕和喜愛的情結，不光是對少年英雄的懷念與哀思，更重要的本質內容其實是對尚武精神的推崇與向往。所以霍去病打的戰役是漢民族戰爭史中最為盪氣迴腸的，他的勝利已不單是幾次對外戰爭的完勝，更成為了一座精神象徵的豐碑，整個漢民族為之驕傲，它鼓舞感召著一代又一代的漢族兒女，他那句「匈奴未滅，何以家為」的豪言壯語更讓無數性情漢子血脈賁張。正因為如此，霍去病成為了古代士人與將領共同偶像，人們歌頌他、崇敬他、熱愛他，自古至今延綿千年。

▌專家品析 ────────

　　霍去病從來不曾沉溺於富貴豪華，他將國家安危和建功立業放在首位。漢武帝曾經為霍去病修建過一座豪華的府第，霍去病卻拒絕收下，說：「匈奴未滅，何以家為？」這短短的八個字，因為出自霍去病之口而言之有物、震撼人心，刻在歷朝歷代保家衛國將士們的心裏。

　　霍去病一生四次領兵正式出擊匈奴，都以大勝回師，滅敵十一萬，降敵四萬，開疆拓土，戰功比他的舅舅衛青還要壯觀。對於整部世界軍事史和中國史來說，霍去病是彪炳千秋的傳奇人物。

▌軍事成就 ────────

　　霍去病用兵不循兵書，屬於兵家中的另類，但他隨機應變的能

力，適合騎兵作戰的長途奔襲戰術，在當時是獨樹一幟。霍去病和他的「封狼居胥」，被中國歷代兵家所推崇。

20 飛將軍名揚天下，
迷路途自盡而終

—— 李廣 · 西漢

▋生平簡介

姓　　　名	李廣。	
別　　　名	飛將軍。	
出　生　地	隴西成紀（今甘肅靜寧西南）。	
生　卒　年	？至前一一九年。	
身　　　份	軍事家、著名將領。	
主要成就	率領漢軍與匈奴作戰。	

▋名家推介

　　李廣（？-前119），漢族，隴西成紀（今甘肅秦安縣葉堡鄉）人，中國西漢時期的名將。他一生對匈奴作戰七十餘次，功不可沒，才能、勇武別人難與他相比。

　　漢文帝十四年從軍擊破匈奴因功封為中郎。景帝時先後任北部邊域七郡太守。武帝繼位召為中央宮衛尉。元光六年任驍騎將軍，後任右北平郡太守。匈奴畏服，稱他為「飛將軍」，數年不敢來犯。元狩四年，漠北之戰中，李廣任前將軍，因迷失道路，未能參戰，憤愧自殺。

▎名家故事 ────────

西元前一四○年，漢武帝繼位，眾臣認為李廣是名勇將，武帝於是調任李廣任未央宮的衛尉。

元光六年，匈奴又一次興兵南下，前鋒直指上谷。漢軍四路出擊，車騎將軍衛青直出上谷，騎將軍公孫敖從代郡出兵，輕車將軍公孫賀從雲中出兵，李廣任驍騎將軍，率軍出雁門關，四路將領各率一萬騎兵。衛青首次出征，直搗龍城，斬首七百人。李廣終因寡不敵眾而受傷被俘，匈奴騎兵把當時受傷得病的李廣放在兩匹馬中間，讓他躺在用繩子結成的網袋裏，走了十多里路，李廣裝死，斜眼瞧見他旁邊有個匈奴少年騎著一匹好馬，李廣突然一躍，跳上匈奴少年的戰馬，把少年推下馬，摘下他的弓箭，策馬揚鞭向南奔馳，匈奴騎兵數百人緊緊追趕，李廣邊跑邊射殺追兵，終於逃脫，收集餘部回到了京師。漢朝廷把李廣交給法官，法官判李廣部隊死傷人馬眾多，自己又被匈奴活捉，應當斬首，後用錢贖罪，成為平民。但李廣展現出的驚人騎射技術給匈奴人留下深刻的印象，這正是匈奴稱其為「漢之飛將軍」的由來。

李廣為將廉潔，常把自己的賞賜分給部下，與士兵同吃同飲。他做了四十多年俸祿二千石的官，家裏沒有多少多餘的財物，始終不談購置家產的事，深得官兵愛戴。李廣身材高大，臂長如猿，有善射天賦，他的子孫向他人學射箭，但都不及李廣。李廣不善言辭，閒居時也以射箭來賭酒為樂，一生都以射箭為消遣。李廣愛兵如子，凡事能身先士卒。行軍遇到缺水斷食之時，若遇水食，士兵不全喝到水，他不近水邊；士兵不全吃遍，他不嘗飯食。對士兵寬緩不苛刻，這就使得士兵甘願為他出死力。李廣射殺敵人時，要求自己箭無虛發，所以

非在數十步之內不射，常常是箭一離弦，敵人應聲而亡。不久，郎中令石建死，李廣被任命為郎中令，「郎中令」是掌管宮殿門戶的官，但實際權力很大，是皇帝禁宮內的主要職能官員。

西元前一二一年，李廣以郎中令身份率四千騎兵從右北平出塞，與博望侯張騫的部隊一起出征匈奴。李廣部隊前進了數百里，突然被匈奴左賢王帶領的四萬騎兵包圍，李廣的士兵們都非常害怕，李廣就派自己的兒子李敢先入敵陣探察敵情。李敢率幾十名騎兵，衝入敵陣，直逼匈奴，抄出敵人的兩翼而回。回來後向李廣報告說：「匈奴兵很容易對付。」李廣的軍士聽了才安定下來。李廣佈成圓形陣勢面向四外抗敵。匈奴猛攻漢軍，箭如雨下，漢兵死傷過半，箭也快射光了。李廣就命令士兵把弓拉滿，不要發射，他手持強弩射殺匈奴副將多人，匈奴兵將大為驚恐，漸漸散開。這時天色已晚，漢官兵都嚇得面無人色，但李廣卻意氣自如，軍中官兵從此都非常佩服李廣的勇氣。第二天，他又和敵兵奮戰，這時博望侯張騫的救兵才趕到，解了匈奴之圍。李廣的軍隊幾乎全軍覆沒，李廣功過相抵，沒有得到賞賜。博望侯張騫延誤行程，當斬，後用錢贖罪，成為平民。

元狩四年，大將軍衛青與驃騎將軍霍去病深入漠北打擊匈奴。李廣多次請求隨軍出征，武帝認為他年老未被啟用。後來武帝終於任命其為前將軍，隨衛青出征。出塞後，衛青得知單於的駐紮地，衛青決定自率部隊正面襲擊單於，命前將軍李廣與右將軍趙食其從東路夾擊。李廣從東路出發，部隊因無向導或者向導死亡，迷失了道路，落在大將軍後面，耽誤了約定的軍期。漠北之戰，衛青見李廣戰時不曾趕到，衛青當機立斷，創造性地運用車騎協同的新戰術，命令部隊以戰車自環為營，以防止匈奴騎兵的突然襲擊，而令五千騎兵出擊匈奴，伊稚斜單于以萬騎迎戰。此戰漢軍追擊二百餘里，俘斬敵軍兩萬

餘名，但伊稚斜單于趁夜幕降臨，跨上一匹善於奔跑的精騎，率領數百壯騎殺出重圍向西北方向逃去。衛青乘勝向北挺進，攻入顏山趙信城，繳獲了匈奴屯集的大批糧食和軍用物資。漢軍在此駐留一日，然後放火燒毀趙信城及城內未能運走的餘糧，回師南下。到達漠南之後，衛青與李廣、趙食其會合。

　　會合後，由於要向武帝彙報此戰的經過，衛青派長史拿了乾糧酒食送給李廣，順便問起李廣等迷路的情況。李廣回到自己軍中，對他的部下說：「我一生和匈奴大小七十餘戰，今天有幸跟從大將軍出擊，而又迷失道路，這難道是天災嗎？」說完拔刀自刎。李廣部下軍士大夫皆哭。百姓聞之，無論認識與不認識他的，無論老者青年，都為之流淚惋惜。

▋專家品析 ─────

　　李廣最大的缺點，恰恰在於自負。當然，李廣的自負是有資本的，當時他的騎術和箭術在那個時代獨步天下，幾次與匈奴的交戰為他樹立了孤膽英雄的形象，也讓他對於他的騎射愈加自戀，而忽略了作為將領的其他方面的素養。李廣雖然與匈奴打了大小七十餘戰，五次大戰，卻是三次無功而返，兩次全軍覆沒；而衛青則是七出邊塞，七戰七捷。

　　首先，自負是李廣的第一大弱點；其次，心胸狹隘是他的第二大弱點；第三，「言而無信」是李廣的第三大弱點。基於歷史的客觀原因以及李廣自身的這三大致命的弱點，前事不忘後事之師，李廣的悲劇值得後人借鑒！

▍軍事成就 ────────

　　漢初的邊境戰爭是一場特殊的戰爭，其自然和人文特點決定了這場戰爭的異常堅苦和殘酷。遠離後方的長途奔襲，疾風暴雨般的倉卒遭遇，以及眾寡懸殊的孤軍奮戰，成為經常作戰的方式。李廣無疑是適應於這些作戰特點的傑出將領。非凡的勇敢、決斷和應變能力，以及有別於傳統的治軍方法，使他成為受部下擁戴、令敵軍聞之喪膽的一代名將。

21 騎善驍勇多謀略，
三征匈奴漢功建

—— 趙充國 · 西漢

▌生平簡介 ———————

姓　　名　趙充國。

字　　　翁孫。

出 生 地　隴西上（今甘肅省天水市）。

生 卒 年　西元前一三七至前五十二年。

身　　份　軍事家、著名將領。

主要成就　平定羌族暴亂。

▌名家推介 ———————

　　趙充國（西元前 137-52），字翁孫，漢族，原為隴西上邽（今甘肅省天水市）人，後移居湟中（今青海西寧地區）。西漢著名將領，一生主要的功績表現在平定羌族暴亂。

　　趙充國善於治軍，愛護士兵。在平叛戰事中，他堅決採取招撫與打擊相結合、分化瓦解、集中打擊頑固者的方針，能和平解決的決不付諸武力，這完全符合孫子兵法：「百戰百勝非善之善者也；不戰而屈人之兵，善之善者也。」

▌名家故事 ————————

　　漢武帝時，趙充國以假司馬身份隨從將軍李廣利出擊匈奴，被匈奴騎兵包圍，漢軍幾天吃不到食物，死傷很多，趙充國與一百多名壯士衝出重圍，李廣利帶兵跟隨其後，終於脫身。趙充國身上二十多處受傷，李廣利向皇帝報告這個情況，皇帝下詔召見，武帝親自察看他的傷口，頗為感歎，任他為中郎，遷升為車騎將軍長史。

　　漢宣帝元康三年，先零部落與各個羌族部落酋長二百多人訂立盟約，打算共同侵擾漢朝地區。漢宣帝知道了這事，問趙充國怎麼辦，趙充國說：羌人為患，一是羌族原來各部落互相攻擊，易於控制，但近幾年來他們訂立合約共同反漢；二是羌族與匈奴早就打算聯合；三是羌族還可能與其他種族聯合。他向朝廷提出建議：一是加強軍事上的邊防；二是離間羌族各部落並偵探他們的預謀。

　　趙充國領兵到了先零羌人所在地，羌人因為長久駐紮在這裏，思想上鬆懈，突然看見漢軍大部隊到來，拋棄車輛輜重，打算渡過湟水，因為道路險隘，趙充國緩慢地穩紮穩打。有人主張兵貴神速，趙充國說：「此窮寇不可追也。」果然，羌人赴水溺死者數百人，投降及斬首五百多人，獲得馬、牛、羊十萬餘頭，車四千多輛。趙充國漢軍到了羌族地區，命令不得燒毀住所損害農牧。羌人知道這個消息，高興地說：「漢軍不追擊我們了。」他們的頭領靡忘親自來到漢軍大營，趙充國招待飲食，讓他回去告訴族眾：「不再騷擾邊境者一律不殺。」

　　趙充國病了，宣帝給他寫信說：聽說你有病，年老加疾，萬一去世，我很擔憂。現在詔令破羌將軍辛武賢到你的駐地，擔任你的副手，趕快趁此天時大利，將士銳氣，定於十二月擊敗先零的部隊。你

如果病很嚴重，就駐守不動，只讓破羌將軍辛武賢、強弩將軍許延壽領兵前去。這時羌眾來投降者已一萬多人，趙充國估計他們必定動搖，打算安排騎兵屯田，可恰在此刻接到命令進兵的璽書，於是奏上了屯田書。在屯田書中趙充國提出兩點建議：一、我帶的兵馬，消耗糧、鹽、草等數量巨大，可能發生其他變故，所以我以為必須設定長久之計。二、在臨羌至浩亹一帶，不用騎兵，招募民眾，進行屯田。只以少數騎兵衛護屯田。宣帝回書問：如果實行罷退騎兵的屯田之策，如何消滅他們的侵擾？要求再申明理由。趙充國申訴說：羌人與漢民一樣，都有「避害就利，愛親戚，畏死亡」之心。如果罷騎兵而屯田，「順天時，占地利」，勝利在望。羌眾已經動搖，前後來降者萬餘人，安撫招降這是解決羌患的長久大計。同時，還提出留兵屯田「十二便」，所以要求朝廷採納他的策略。

宣帝回復書信時說，屯田不一定能解決羌患，要求趙充國認真考慮然後再次報告。趙充國又報告說：先零羌人所剩精兵不多，漢軍屯田，搞好戰備，以逸待勞。趙充國報告每次送上朝廷，皇帝都交給公卿議論。贊成趙充國政策的起初很少，後來贊成者越來越多。於是詔令罷兵，只留下趙充國負責屯田。

神爵二年五月，趙充國估計羌眾傷亡及投降者甚多，力量削弱，請求撤兵，得到皇帝的允准，於是他帶領軍隊還朝。留下辛武賢為酒泉太守，趙充國為後將軍衛尉。

這年秋天，羌族首領先零等部落斬殺了先零大豪猶非、楊玉等人，不少部落首領率眾投降。漢朝予以安撫，詔令推舉可以任護羌校尉之人，當時趙充國已病，四府推舉辛武賢弟弟辛湯。趙充國立即起奏：「辛湯喜好飲酒，不可能降服蠻夷，他不如他的哥哥能擔此大任。」這時辛湯已官拜受節，五府還一再推舉辛湯，皇帝聽了趙充國

的建議，確實沒有重用他。

　　趙充國撤回朝廷後要求退休，回了家。朝廷議論「四夷」問題，還常常當當參謀。甘露二年去世，終年八十六歲，諡號壯侯。趙充國以功德與霍光等列，繪製畫像於未央宮。成帝追念趙充國的功德，曾召黃門侍郎揚雄稱頌他的功績。揚雄有「在漢中興，充國作武」的頌詞，歌頌趙充國在西漢中興中的武功。

▌專家品析 —————

　　趙充國善於治軍，愛護士兵。行必有備，止必堅營，戰必先謀，穩紮穩打。在平叛戰事中，他堅決採取招撫與打擊相結合、分化瓦解、集中打擊頑固者的方針，能和平解決的，決不訴諸武力，這完全符合孫子兵法：「百戰百勝非善之善者也；不戰而屈人之兵，善之善者也。」

　　尤為難能可貴的是，當時他的主張受到朝廷大臣和宣帝的一致反對，但他無所畏懼，反復上書說明這一方針的正確性和必要性，終於被宣帝和大多數朝臣所接受；其次，他的留兵屯田之策確為深謀遠慮之舉，不僅在當時具有戰略意義，而且對後世也有深遠影響，因此他不僅是一代名將，而且是享有盛譽的軍事家。

▌軍事成就 —————

　　趙充國是一位能騎善射驍勇多謀的軍事家，在當時屯田政策上做出了卓越貢獻。為人沉著勇敢，有遠見深謀。

　　趙充國行軍是以遠出偵察為主，並隨時作好戰鬥準備。宿營時加強營壘防禦，穩紮穩打，計畫不周全不作戰。愛護士卒，戰則必勝。

22 光武中興功勳將，
雲臺榜上有其名

—— 馮異 · 東漢

▌生平簡介

姓　　名　馮異。

字　　　　公孫。

出生地　　穎川父城（今河南寶豐東）。

生卒年　　？至三十四年。

身　　份　軍事家。

主要成就　為光武劉秀統一關西，發揮
　　　　　了關鍵作用。

▌名家推介

　　馮異（？-34），字公孫，漢族，穎川父城（今河南寶豐東）人。東漢開國名將，「雲臺二十八將」之一。

　　赤眉自關中東歸，東漢政權面臨嚴重威脅，光武帝果斷以馮異取代鄧禹，主持征西軍事。馮異在鄧禹諸軍慘敗之後，帶兵一舉擊潰赤眉大軍，為光武統一關西，發揮了關鍵作用。馮異為人低調，居功不傲，人稱「大樹將軍」。

▌名家故事 ────────

　　王莽新朝末期，群雄並起，天下大亂。反莽武裝共同擁戴西漢皇族劉玄為帝，為漢更始帝。馮異此時正以郡掾的身份替王莽監管五縣，與縣城的長官苗萌共守縣城。

　　劉秀奉更始皇帝之命率兵攻打這個縣城，遭到馮異與苗萌的頑強抵抗。傍晚，劉秀的部下抓到一個微服探營的人，以為是奸細，正準備殺掉。劉秀聽說親自審問，一問才知道原來是外出巡察的馮異。馮異一見劉秀，頓時被劉秀的氣度與風采折服，表示自己的老母還在城中，如果被釋放回城，願將所監五城奉獻以報義釋的恩德。英雄之間惺惺相惜，劉秀也給予了馮異極大的信任，當即釋放他回到父城。

　　馮異回去後對苗萌說：「如今英雄壯士起兵的不少，但是多是暴虐蠻橫之徒，只有劉將軍所到之處從不擄掠，秋毫無犯。我看他的言語舉止，絕非平常之人，我們可以投靠他建功立業。」此後，劉秀率部回宛城覆命，更始帝派其他將軍來攻父城者前後有十餘人，馮異都堅守不降。不久，劉秀率部經過父城，馮異打開城門迎接劉秀，劉秀非常高興，當即任命馮異為主簿，苗萌為從事。從此，馮異成為劉秀的重要謀士和得力戰將。

　　跟隨劉秀二年後，劉秀見馮異有大將之才，就將部隊分出一部分讓他帶領。不久，因他征戰有功，被封為應侯。在劉秀麾下的將軍之中，馮異治軍有方，愛護士卒，深得部屬擁戴，因此，士兵都願意在他的部下作戰。

　　有趣的是，作為一員大智大勇、戰功赫赫的名將，馮異最為後人稱道的卻是兩頓飯。劉秀初到河北之時，河北幾乎已落入他人之手。劉秀北上，即遭到通緝，一路奔波，饑寒交迫。某日，他們來到河北

饒陽蕪蔞亭時，天氣寒冷，北風凜冽。馮異到附近的村子裏要飯，給劉秀弄來了一碗豆粥。劉秀一口氣喝下，頓覺甘美無比，第二天，劉秀還在回味那碗豆粥。當走到滹沱河邊時，忽遇大風暴雨，幸好河邊有幾間屋子，一行人便進去避雨。屋中有爐灶，馮異便抱來柴薪，鄧禹生好爐子，讓劉秀對著爐火烘乾被淋濕的衣服。不一會兒，馮異從房子裏找到了一點麥子和一些蔬菜，給劉秀做了一碗菟肩麥飯。對於這一段君臣的患難經歷，劉秀一直念念不忘。登基之後，劉秀還專門給馮異寫信說：「我時時記著當年將軍在蕪蔞亭端給我的豆粥，在滹沱河遞給我的麥飯，這些深情厚意，我至今還未報答呢！」從此，馮異和劉秀成為患難之交。

建武三年，馮異與赤眉軍對峙在華陰，赤眉佯敗，在回奚重挫馮軍。馮異敗回營寨後，重召散兵，派人混入赤眉，然後內外夾攻，在崤底的黽池大破赤眉。之後馮異又率部打敗延岑等軍閥勢力，佔領關中地區。馮異在關中三年，威望日著，於是便有人上書劉秀，說馮異在關中權勢過重，號稱「咸陽王」，將不利於漢室。劉秀特意派人將奏疏送給馮異看，還下詔安慰馮異說：「將軍對於國家，義為君臣，恩猶父子。何嫌何疑，而有懼意？」建武六年正月，馮異入京朝見劉秀。劉秀數次宴請馮異，並指著他向滿朝公卿大臣說：「這便是我起兵時的主簿，曾為我在創業的道路上劈開叢生的荊棘，掃除重重障礙，又為我平定了關中之地！」——這就是成語「披荊斬棘」的由來。

在劉秀諸將中，馮異總是能夠保持頭腦的冷靜，深得劉秀賞識。而馮異也不負劉秀厚望，在劉秀創業過程中，最重要的三步棋全都是在馮異的幫助下完成的。第一步，韜光養晦。王莽地皇四年六月，劉秀的哥哥被更始帝殺死。在一人有罪全家株連的古代，劉秀被更始帝疑忌自在情理之中，劉秀深知處境險惡，只能暗忍悲痛，強作歡顏。

當時劉秀的部將朱祐、臧宮等都要殺更始帝。只有馮異單獨前去安慰
劉秀，說：「現在更始帝諸將縱橫暴虐，百姓失望，無所依戴，您需
要在恩德方面多下些功夫。因為有桀紂淫亂，才可看出湯武的功績；
人久饑渴，易為充飽。」這一席話，不僅指出了劉秀得以自保的正確
道路，而且最終使劉秀自立門戶、建立帝業，猶如韓信的漢中對、諸
葛亮的隆中對，作用特別大。第二步，巡行河北。更始帝幾次想派劉
秀巡行河北，大臣們都不同意。當時曹竟為左丞相，他的兒子曹詡任
尚書，父子把握朝堂。馮異勸劉秀跟他們深交結納，由於曹氏父子力
勸，更始帝命劉秀持節渡河，鎮撫河北各郡。劉秀一到河北，便派馮
異和銚期安撫各個屬縣。馮異等所到之處，釋放囚徒，撫恤鰥寡，還
逐一了解河北的地方官員，暗中考察他們是不是願意歸附，然後把名
單上報給劉秀，河北諸郡最終成了劉秀的根據地。第三步，黃袍加
身。西元二十五年，劉秀手裏的地盤已經很多，將領們紛紛勸他速登
帝位。劉秀心中沒底，便對馮異說：「昨夜，我夢見乘赤龍上天，醒
來後，心中很害怕。」馮異一聽，忙下席拜道：「這是天命感召，託
夢於大王。大王感到害怕，是因為大王一貫慎重。」聽了這些話，劉
秀放心繼位，改元建武。

　　馮異治軍嚴明，謀定後動，賞罰有度，政治眼光與戰略戰術均高
出「雲臺二十八將」中的其他將領一籌。同時他為人謙遜，從不居功
自傲，軍中很多下級軍官都願意去「大樹將軍」手下效勞。馮異英年
早逝，使劉秀失去了一位獨當一面、智勇雙全的大將，令人惋惜。五
百年後，著名文學家庾信還歎息道：「將軍一去，大樹飄零。」

▎專家品析

馮異出身儒生，曾為郡吏，又通曉《孫子兵法》，既有文才，也擅長武略，戰功卓著，在雲臺二十八將中名列前茅；並且他為人謙恭，居功不傲，可謂難能可貴；他作戰勇敢，常為先驅，善用謀略，料敵決勝，治軍嚴明；東漢創業，其功至巨。同時他為人謙退，從不居功自傲，堪稱為一代良將。

▎軍事成就

他作戰勇敢，常為先驅，善用謀略，料敵決勝，東漢創業，其功甚偉。尤其是馮異平赤眉、定關中之功，深得漢光武帝劉秀的信任。

23 烈火初張照雲海，
周郎曾此破曹公

—— 周瑜‧三國

▌生平簡介

姓　　名	周瑜。	
字	公瑾。	
出 生 地	盧江郡舒縣（今安徽盧江西南）。	
生 卒 年	西元一七五至二一〇年。	
身　　份	將軍、南郡太守。	
主要成就	赤壁之戰時率領孫劉聯軍大敗曹操。	

▌名家推介

　　周瑜（西元 175-210），字公瑾，漢族，盧江舒縣（今安徽省盧江縣西南）人。東漢末年東吳名將，因其相貌英俊而有「周郎」之稱。

　　他是三國著名軍事家、戰略家。西元二〇八年，孫、劉聯軍在周瑜的指揮下，於赤壁用火攻擊敗曹操的軍隊，以四萬兵力大敗曹操二十萬大軍，以少勝多粉碎了曹操的霸業，為三足鼎立奠定了基礎。西元二一〇年，周瑜因病去世，年僅三十六歲。

▌名家故事 ────────

周瑜出身士族，相貌俊美，志向遠大，與孫策是摯友。孫堅死後，孫策繼承父志，統率部卒。周瑜的父親周尚當時為丹陽太守，周瑜去看望父親，當時孫策兵入歷陽，將要東渡，寫信給周瑜，周瑜率兵迎接孫策，給他以大力支持，孫策十分喜悅。

於是兩人協同作戰，先剋橫江、當利，接著揮師渡江，進攻秣陵，打敗了笮融、薛禮，轉而攻佔湖孰、江乘，進入阿曲，逼走劉繇，孫策和周瑜的部眾已發展到幾萬人。

不久，袁術派其堂弟袁胤取代周尚任丹陽太守，周瑜隨父親周尚到了壽春，袁術發現周瑜有才，想收羅周瑜為己用，周瑜看出袁術最終不會有什麼成就，所以只請求做居巢縣長，欲借機返回江東，袁術同意了周瑜的請求。

建安三年，周瑜從居巢回到吳郡，孫策聽說周瑜歸來，親自出迎，授周瑜建威中郎將。不久，孫策欲取荊州，拜周瑜為中護軍，兼任江夏太守。周瑜、孫策攻破皖城，得到喬公兩個女兒，都國色天姿，孫策自娶大喬，周瑜娶小喬。

建安五年四月，孫策遇刺身亡，時年二十六歲，臨終把軍國大事託付孫權。當時孫權只有會稽、吳郡、丹陽、豫章、盧陵數郡，天下英雄豪傑散在東南各個州郡，他們只注意個人安危，並未和孫氏建立起君臣之間相互依賴的關係。關鍵時刻，首先出面支持孫權的是張昭、周瑜、呂范、程普等人，周瑜從外地帶兵前來奔喪，留在吳郡孫權身邊任中護軍，他握有重兵，以君臣之禮對待孫權，同長史張昭共同掌管軍政大事。

曹操在官渡之戰打敗袁紹後，兵威日盛，於建安七年，下書責令

孫權，讓他把兒子送到自己這裏來做人質。孫權也是人英，當然不願如此受制於人，便召集群臣商量，臣下眾說紛紜，孫權猶豫再三，不能決斷。

孫權本意雖不想送人質，但由於沒有得到強有力的支援，也有點舉棋不定。於是，他只帶周瑜一人到母親面前議定此事，周瑜立場堅定，堅決反對送人質，並對孫權陳述利害，孫權的母親也極力贊同周瑜的意見，於是，孫權斷然拒絕了曹操。

建安十三年春，孫權進兵江夏，周瑜為前部大督都，打敗了盤踞在那裏的黃祖。曹操恐怕孫權占了先手，同年九月，曹操大舉揮師南下。當時劉表已經病死，劉琮不戰而投降了曹操。劉備力孤，無法與曹操爭衡，率眾南逃，曹操順利佔領荊州，驕橫益甚，揚言要順流而下，席捲江東，面對這種形勢，東吳的謀臣將士十分驚恐。孫權召集他們商討對策，以張昭為首的大部分人都認為應該「迎曹」，只有魯肅等少數人力主「抗曹」，然而不足以扭轉局勢，魯肅建議孫權把周瑜從外地召回，周瑜回來後，和魯肅等人力主抗曹，於是，赤壁之戰拉開了帷幕。

十二月，周瑜率領軍隊在樊口與劉備軍會合。然後兩軍逆水而上，行至赤壁，與正在渡江的曹軍相遇，曹軍當時正遭瘟疫流行，而新編水軍及新投降的荊州水軍難以合作，士氣明顯不足，因此初戰被周瑜水軍打敗。曹操不得不把水軍與陸軍會合，把戰船靠到北岸烏林一側，操練水軍，等待良機。周瑜則把戰船停靠南岸赤壁一側，隔著長江與曹軍對峙。當時曹操因為北方士卒不習慣坐船，於是將艦船首尾連接起來，人馬在船上如履平地。周瑜部將黃蓋於是建議周瑜火攻，周瑜採納了黃蓋的計策，並讓黃蓋向曹操寫信詐降，以接近曹操戰船，黃蓋於是準備了十艘輕便的戰船，滿載薪草膏油，外面做好偽

裝，上插旌旗龍幡。當時東南風急，十艘船在江中順風向前，黃蓋手拿火把，使眾兵齊聲大叫：「我是來投降的！」曹軍官兵毫無戒備，在距離曹軍二里左右時，黃蓋命令點燃柴草，同時發火，火烈風猛，船飛馳如箭，於是，曹操的戰船大多數都起了火，風借火勢，火借風威，很快波及岸上各營。頃刻之間，曹軍人馬燒、溺死者無數。在對岸的孫劉聯軍橫渡長江，趁亂大敗曹軍。曹操見敗局已無法挽回，當即自焚剩下的戰船，引軍沿華容小道，向江陵方向退卻，周瑜、劉備軍隊水陸並進，一直尾隨追擊。此戰中曹軍傷亡過半，曹操回到江陵後，恐怕赤壁失利而使後方政權不穩，立即撤兵回到北方，留曹仁、徐晃等繼續留守南郡，而後委任樂進守襄陽、滿寵代理奮威將軍，屯於當陽。孫劉聯軍取得了赤壁之戰的全面勝利。

周瑜回江陵，想繼續屯兵練兵，以抗拒曹操，不料半途染病，再加箭傷未痊癒，不幸死於巴丘，享年三十六歲。周瑜死後，孫權穿上喪服為他舉哀，感動左右，周瑜的靈柩運回吳郡時，孫權到蕪湖親迎，各項喪葬費用，全由國家支付。

▌專家品析 ————

赤壁之戰，讓曹操統一中國的進程遭到嚴重挫折，使三足鼎立的局面初露端倪。周瑜憑藉此戰聲威大震，名揚天下。周瑜一生心胸開闊，以德服人，待人謙恭有禮。至於後人說周瑜氣量狹小，忌賢妒能，被人氣死，則純是小說作者一家之言，不足為信。

赤壁之戰，周瑜表現出他是富有遠見的政治家、軍事家、戰略家眼光，他力排眾議促成孫、劉聯合抗曹聯盟的形成過程，譜寫了「火

燒赤壁」輝煌的篇章。赤壁之戰對於當時歷史的發展具有很深遠的影響，它使得曹操的勢力得到控制，孫權的東吳勢力得到鞏固，劉備乘機得到了立足之地，並日益壯大起來。周瑜所指揮的赤壁之戰是三國鼎立局面形成的歷史開端。

▍軍事成就

　　周瑜相貌俊美，多謀善斷，精於軍略，為人性度恢廓，雅量高致。建安十三年在赤壁之戰中打敗曹軍。後圖進中原，不幸於建安十五年十二月病故於巴丘，英年早逝。

24 夷陵石亭兩成就，功高無奈保自身

——陸遜・三國

生平簡介

姓　　名	陸遜。
別　　名	陸議、伯言、神君。
出 生 地	吳郡吳縣（今江蘇蘇州）。
生 卒 年	西元一八三至二四五年。
身　　份	軍事家、政治家。
主要成就	夷陵之戰、石亭之戰。

名家推介

　　陸遜（西元 183-245），本名陸議，字伯言，漢族，吳郡吳縣（今江蘇蘇州）人。三國時期著名政治家、軍事家，歷任吳國大都督、大將軍、丞相。

　　孫權兄長孫策之婿，世代為江東大族。於西元二二二年率軍與入侵東吳的劉備軍作戰，以火攻大破劉備蜀軍的「猇亭之戰」，是中國古代戰爭史上一次著名防禦戰的成功戰例。後因捲入立嗣之爭，力保太子孫和而受孫權責罰，憂憤而死。

▌名家故事 ─────────

陸遜雖然在早期活動中初露鋒芒，但並不甚為人所知，直到建安末年，吳、蜀爭奪荊州時，他才脫穎而出，成為吳軍一位傑出的後起之秀。

建安二十四年八月，西蜀前將軍關羽水淹曹魏七軍，生擒主帥左將軍于禁，乘勝圍攻敗退樊城的曹魏徵南將軍曹仁，魏王曹操採納丞相司馬懿、蔣濟的建議，利用劉備拒不歸還所借荊州、吳蜀聯盟出現破裂的關係，派人勸說東吳孫權抄襲關羽後方，並許諾把江南封給孫權。駐軍陸口的東吳大將呂蒙認為，關羽素懷兼併江南的野心，是對東吳的很大威脅，建議孫權趁機消滅關羽，以解除後患，孫權採納了他的建議。呂蒙極力推薦陸遜，孫權拜三十六歲的陸遜為偏將軍右部督，代替呂蒙統領陸口各軍。

陸遜利用關羽驕傲自大的弱點，以卑下的言辭寫信吹捧關羽，讚賞他的功德，表示自己對他的仰慕，並且表示絕不與關羽為敵。關羽看信後，甚為輕視陸遜，愈發大意，完全喪失對東吳的警惕，把留守後方用於提防東吳的軍隊調至前線，全力對付曹操。這時，關羽雖然在前線取得節節勝利，但他的後方卻危機四伏。關羽不善團結部下，引起部下的不滿。留守江陵、公安的將領糜芳、傅士仁因軍資供應不及時，關羽聲言要懲治他們，糜芳等不堪忍受，頓生異心，這些情報，陸遜都瞭若指掌。

陸遜見破蜀時機已經成熟，立即上報孫權，孫權命呂蒙與陸遜分道攻取荊州。呂蒙率軍攻打公安、江陵。陸遜則長驅直入，十一月，陸遜率軍直下荊州、南郡，宜都太守樊友棄城而逃，其它據點的蜀軍也都望風而降。接著，陸遜又派將軍李異、謝旌率三千人攻蜀將詹

晏、陳鳳。李異率水軍，謝旌率步兵大破蜀軍詹晏，並俘虜了蜀將陳鳳，接著率軍大破房陵太守鄧輔、南鄉太守郭睦。秭歸大族文布、鄧凱等招聚夷兵數千人，企圖抵抗吳軍。陸遜再次令謝旌攻討文布、鄧凱，二人逃走，陸遜派人前去誘降，文布率眾投降。陸遜指揮的吳軍所向披靡，勢如破竹，佔領了秭歸枝江、夷道，守住了峽口，堵住了關羽退回西蜀的大門。當關羽得到消息，匆匆忙忙從樊城撤軍的時候，公安、江陵已經被糜芳獻給了吳軍。蜀軍進退維谷，走投無路，疲於奔命，軍心動搖。關羽只得領兵退守麥城，十二月，關羽率少數騎兵從麥城突圍逃竄，被吳將擒獲斬首。

蜀章武元年，劉備欲為關羽報仇奪回荊州，劉備不顧諸葛亮、趙雲等群臣勸諫，決意伐吳，命駐閬中的車騎將軍張飛率部前往江州與主力會合，張飛卻為部將刺殺。七月，劉備令丞相諸葛亮留守成都，上將趙雲在江州為後軍都督，親統大軍沿江東進。

孫權於是任命陸遜為大都督，統率五萬吳軍抗拒蜀軍。不久，劉備派前軍圍攻駐守夷道的孫桓，吳軍諸將請求陸遜派兵增援，陸遜知夷道城堅糧足，有意讓其牽制蜀軍，而堅持不予分兵。當蜀軍頻繁挑戰，吳將都急欲迎擊時，陸遜耐心勸止，堅守不出，欲使蜀軍勞師疲憊。諸將不解，以為陸遜畏敵，各懷憤恨。有些老將和貴族出身的將領不服約束，陸遜則繩之軍紀，嚴加制止。

兩軍相持半年之久，時至盛夏暑熱，蜀軍無法急戰速勝，士兵疲憊不堪。蜀水軍又奉命移駐陸上，失去水陸兩軍相互策應的主動權。蜀軍深入敵國腹地，延綿數百里連營結寨，因戰線過長，運轉補給發生困難。

六月，陸遜上書孫權，決定適時轉入反攻，命令將士持草一束，先以火攻破一蜀營，接著號令諸軍趁勢發起進攻，迫使劉備西退。蜀

將張南從夷道北撤，被朱然、孫桓南北夾擊戰死。陸遜命水軍封鎖長江，孫桓扼守夷道，將蜀軍分割於大江東西，於是被各個擊破。吳軍繼續施行火攻，火燒蜀軍連營四十餘寨，蜀軍死傷慘重，蜀將杜路、劉寧投降，都督馮習及沙摩柯被殺。劉備敗退至馬鞍山，依險據守。陸遜集中兵力，四面圍攻，蜀軍土崩瓦解，被殲數萬。劉備趁夜突出重圍，後衛將軍傅彤戰死。劉備逃奔秭歸，令在險道上焚燒鐃鎧，以阻塞吳追兵道路，蜀軍損失之大，大敗而歸。

吳軍獲勝後，諸將這才對陸遜大為佩服。孫權加拜陸遜為輔國將軍，領荊州牧，並改封為江陵侯。

不久，陸遜捲入孫權兩子——太子孫和與魯王孫霸的鬥爭，陸遜站在太子一邊，孫權聽信讒言，有廢黜太子之意。陸遜屢次上疏陳述嫡庶之分，他還要求到建業當面申述自己的意見，因而得罪了孫權。陸遜憂傷過度，於赤烏八年二月含恨而亡，終六十三歲。

▌專家品析 ───────

夷陵之戰，是中國歷史上後發制人、疲敵制勝的著名戰例。作為吳軍主帥的陸遜統觀兩軍主客觀態勢，確定誘敵深入，集中兵力，後發制人，相機破敵的戰略。並充分利用地勢及天候等有利條件，巧施火攻，一舉擊敗蜀軍。大獲全勝後，又適時停止追擊，使曹魏無隙可乘，戰略全域運籌周密，堪稱用兵奇略。

陸遜是東吳繼周瑜、魯肅、呂蒙之後的又一個聲望頗高、功績卓著的將領。他智勇兼備，武能安邦，文能治國，並且品質高尚。陸遜並非「一介武夫」，堪稱是一個文武兼備的政治家、軍事家。

▌軍事成就 ─────────

陸遜的軍事才能主要表現在他足智多謀善於用兵。夷陵之戰陸遜根據敵強我弱的實際情況，採取了誘敵深入、疲敵師志的戰略方針。從指揮藝術上說，作為一軍之帥，陸遜的確是善於審時度勢，做到了知己知彼，能準確捕捉戰機，出奇制勝。

25 魏蜀將領兩對峙，功勳奇建破成都

——鄧艾·三國

▍生平簡介 ————————

姓　　名　鄧艾。

字　　　　士載。

出 生 地　義陽棘陽（今河南新野）。

生 卒 年　西元一九七至二六四年。

身　　份　太尉。

主要成就　與蜀漢將領姜維多次對峙、
　　　　　在魏滅蜀之戰中攻破成都。

▍名家推介 ————————

　　鄧艾（西元 197-264），字士載，義陽棘陽（今河南新野）人。三國時期魏國傑出的軍事家、將領。後因遭到鍾會的污蔑和陷害，被司馬昭猜忌而被收押，最後與其子鄧忠一起被衛瓘派遣的武將田續所殺害。

▌名家故事 ────────

　　西元二六三年八月，十八萬魏軍分三路南下。西路軍由鄧艾所率的三萬多人，出狄道向甘松、沓中直接進攻姜維；中路軍由諸葛緒率三萬多人馬，自祁山向武街、陰平之橋頭切斷姜維後路；而東路軍由鍾會率主力十餘萬人，再分三路分別從斜谷、駱谷、子午谷進軍漢中。

　　劉禪聞訊後，忙命廖化增援姜維，派張翼和董厥到陽平關防守鍾會。九月，魏軍正式全面發動攻勢，劉禪卻不等援軍到達，就命漢中的蜀軍撤退，令魏國東路軍長驅直入。鍾會親自帶兵進攻陽平關，再派李輔攻樂城的王含，荀愷攻漢城的蔣斌，劉欽出子午谷與主力會師。陽平關守將傅僉想開門迎敵，可是部將蔣舒卻建議堅守陽平關，傅僉不聽，蔣舒因而投降，傅僉氣憤苦戰而死。魏軍進佔陽平關後，樂城與漢城也不攻自破，東路軍繼續長驅直入，直逼劍閣。

　　西路軍也同時展開攻勢，鄧艾命王頎、牽弘、楊趨分別從東、西、北三面進攻沓中，不過姜維因獲悉魏軍已進入漢中的消息，擔心陽安關失守，劍閣孤立而危險，便不作抵抗，且戰且退，希望盡快趕到劍閣援助。但魏國中路軍已從祁山進達陰平關的橋頭，切斷了姜維的退路。姜維為引開魏軍，便率軍從孔函谷繞到諸葛緒後方，諸葛緒怕自己的後路被切斷，慌忙後退三十里，姜維趁機立即回頭越過陰平關橋頭。當諸葛緒察覺自己上當時，蜀軍已遠遠離去，追趕不及。姜維從橋頭至陰平，一路向南撤，途中與正在北上的廖化、張翼、董厥等蜀國援軍會合。當時陽平關丟失，蜀軍唯有退守劍閣，抵抗魏軍。

　　鄧艾率軍抵達陰平，他挑選精兵，想與諸葛緒聯合經江油避開劍閣，直取成都。但諸葛緒以自己只受命攻擊姜維，不可自作主張為

由，拒絕鄧艾聯軍之議，率軍東去與鍾會軍會合。

鍾會率軍進軍劍閣，劍閣地形險峻，道小谷深，易守難攻，姜維利用這種有利於防守的地形，在此列營守險，而劉禪也派人向東吳求救，吳國派出丁封、孫異等解救蜀危。鍾會屢攻不下，但劍閣又是通往成都的主要通道，不能放棄，加上魏軍糧食不繼，鍾會軍心開始動搖，眾人都擔心前功盡廢。

此時，鄧艾認為該「攻其無備，出其不意。」向鍾會建議從陰平抄小道到達涪城，這樣姜維若從劍閣來援，則可取劍閣，若蜀軍不來救，便可切斷姜維後路，也可直接威脅成都。這條計策被接納，並決定由鄧艾執行這個軍事行動。鄧艾以三萬多的人馬從陰平出發，沿途高山險阻，人跡罕至，十分艱難，不過也因如此，蜀國沒有在此設防。十月，鄧艾率軍自陰平小道，走了七百多公里了無人煙的山地，一路鑿山造橋，面對不能開道、絕險之地，鄧艾身先士卒，用毯子裹著自己的身體，順著斜坡而下，攀緣懸崖，一路艱難行進，魏軍終於通過了陰平險道，到達江油。蜀江油守將馬邈見魏軍突然出現，不戰而降，鄧艾率魏軍乘勝進攻涪城。

江油失守後，劉禪派諸葛瞻阻擊鄧艾，諸葛瞻督軍到涪城遇魏軍發生戰鬥，鄧艾大敗諸葛瞻前鋒，諸葛瞻被迫退守綿竹。鄧艾遣使致書諸葛瞻勸降說：「你若投降就要你來當琅琊王。」諸葛瞻怒斬使者。鄧艾立即派其子鄧忠及師纂等，從左右兩面進攻蜀軍，魏軍失利，鄧艾大怒，揚言要斬鄧忠、師纂，命二人再戰以將功補過。結果二人大破蜀軍，斬殺諸葛瞻和張遵等人，魏軍進佔綿竹，隨即進軍成都。

當時蜀國兵多在劍閣，而成都兵力很少。當蜀國君臣聽到魏軍到來時，全都驚慌失措。有人建議先逃向南中地區，也有人建議東投孫吳，其中也有力主投降魏國的，群臣大多附和這個提議。十一月，劉

禪接受這個意見，開城降魏，魏軍佔領成都，同時遣使令姜維等投
降。

鄧艾率軍進入成都，劉禪率領太子、諸王、群臣六十多人綁住自
己、抬棺到軍營拜見。鄧艾手執符節，解開綁縛，焚燒棺材，接受投
降，並寬恕了他們。鄧艾約束部眾，進城後，沒有發生搶掠。他安撫
投降的人員，使他們復任舊業，受到蜀人的擁護。

▌專家品析 ─────────

鄧艾治軍與將士們同甘共苦，在作戰中又能身先士卒。陰平道
上，他以氈自裏，推轉而下。正因為他能處處作出表率，部隊才上下
相感，莫不盡力，取得一系列的勝利。

鄧艾趁兩軍主力相持之際，率偏師出奇兵，進行大縱深迂迴穿
插，繞過蜀軍的正面防禦，直搗蜀都成都，創造了中國戰爭史上著名
的奇襲戰例。魏滅蜀之戰，是結束自東漢末年以來分裂局面，重新實
現中國統一的重要步驟。滅蜀之戰，鄧艾功不可沒。

▌軍事成就 ─────────

鄧艾是三國末期最為傑出的軍事家，其才能可比諸葛亮與司馬
懿。鄧艾在戰爭中目光遠大，見解超人，具有難得的戰略頭腦。作戰
中料敵先機，始終能掌握戰場的主動權，在與姜維的數次交戰中未嘗
敗績。其偷渡陰平一役，堪稱中國戰爭史上歷次入川作戰中最出色的
一次，已作為軍事史上的傑作而載入史冊。

26 人事代謝羊公碑，
古往今來淚沾襟

——羊祜·西晉

▌生平簡介

姓　　名　羊祜。

字　　　叔子。

出 生 地　泰山郡南城縣（今山東費縣
　　　　　西南）。

生 卒 年　西元二二一至二七八年。

身　　份　政治家、軍事家、文學家。

主要成就　幫助西晉開國，為元勳。

▌名家推介

　　羊祜（西元 221-278），字叔子，青州泰山人（今山東新泰羊
流），西晉著名的戰略家、軍事家和政治家。羊祜在武帝時任征南大
將軍，歷任中軍將軍、尚書右僕射、衛將軍、車騎將軍、平南將軍
等。

　　羊祜曾坐鎮襄陽都督荊州各項軍事，做好了伐吳的軍事和物質準
備，利用懷柔之計瓦解了東吳軍民的抵抗決心。他為人謙恭禮讓，一
生清廉儉樸，仁德之名流傳後世。他一生鞠躬盡瘁，為西晉統一全國
做出了傑出的貢獻。

▌名家故事 ─────

　　羊祜早年喪父，青年時博學多才，曹魏末年，被文帝召見並封為大將軍，後官拜中部侍郎，後曾任關中侯、秘書監、相國從事中郎，中領軍悉統宿衛等職，參與司馬昭軍國機密大事的決斷。

　　晉武帝司馬炎繼位後，因羊祜輔佐有功，被授為中軍將軍、加散騎常侍。泰始五年，晉武帝與他策劃滅吳，以尚書左僕射都督荊州各項軍事，坐鎮襄陽。在治理襄陽十年期間，他廣泛開設鄉村學校，治理地方秩序，大量屯田，儲備軍糧，為滅吳作了充分準備。

　　他針對當時「軍無百日之糧」的窘迫狀況，號召士兵屯田開荒八百餘畝，幾年之內積存了供十年用的軍糧，既減輕了人民的負擔，又充實了軍用物資。他開設學館，重視教化，關心民眾，得到江漢民眾的極大擁護。他常身著便服，帶少數隨從了解下屬情況，與士兵共甘苦，深得士兵愛戴。羊祜對東吳官吏實行安撫政策，對來降吳國人員予以獎勵，並來去自便。有一次，部下抓了兩個牧童作為俘虜獻上來，羊祜了解情況後，派專人把兩個牧童送到吳地父母處，牧童全家感激涕零，到處稱頌羊祜恩德。在兩軍交戰中，吳將鄧香侵犯夏口被活捉，羊祜開導一番後就把他放了回去，不久，鄧香率部來降，吳將陳尚、韓景較頑固，屢犯邊境，羊祜令部下追殺斬了他們倆人，然後又厚禮殯葬，陳、韓子弟來迎喪，羊祜以禮相待。為此，羊祜德聲大振，吳國官兵為之心悅誠服，就連與羊祜在邊境對峙的吳國將帥陸抗也說：「祜之德量，雖樂毅、諸葛孔明不能過也。」後來羊祜與陸抗互通使節，各保分界，於是邊界進一步得到安寧。

　　咸寧二年，伐吳條件已具備，而且吳將陸抗已病逝，孫吳荊州前線失去唯一能與羊祜抗衡的軍事家。而這時，在孫皓高壓統治下的吳

國境內各種矛盾日益激化，民怨鼎沸，危機四伏。這一切表明西晉滅吳的條件已經成熟，羊祜不失時機地上疏給晉武帝請求伐吳。羊祜上述說：「吳主荒淫無道，又非常殘暴，已失去民心，趁此機會攻打吳國，吳縱有長江做天險也無濟於事，滅吳統一就在眼前了。」

奏疏既上，晉武帝深以為然，但卻遭到朝內許多大臣的反對，權臣賈充、荀勖等人的態度尤其激烈，他們提出西北地方的鮮卑人騷亂問題，認為那裏尚未平定，不應該同時進行滅吳戰爭。於是把此事耽擱了，平定叛亂後，他再上疏伐吳時，因朝中多數權臣的反對，又不能實現。羊祜長歎說：「天下不如意，永遠都是十之七八，故有當斷不斷，那是遺恨後世的遺憾呀！」

其後，晉武帝因羊祜功大，以泰山郡南武陽、牟、南城、梁父、平陽五縣為南城郡，封羊祜為南城侯，官高爵顯，但羊祜推辭不受。

八月，羊祜染病，請求入朝，返回洛陽正逢景獻皇后羊徽瑜去世，羊祜十分悲痛，病情更加嚴重，晉武帝下詔，命他抱病入見，並讓他乘坐輦車上殿，不必跪拜，備受優禮，羊祜則再一次向司馬炎陳述了伐吳的主張。

後來羊祜病重不能入朝，晉武帝專門派中書令張華前去諮詢方略，並要求羊祜帶病伐吳，羊祜婉言拒絕。十一月羊祜病逝，享年五十八歲，並在臨終前舉薦杜預代替自己的官位。

羊祜死後，舉天皆哀，晉武帝親著喪服痛哭，時值寒冬，武帝的淚水流到鬢鬚上都結成了冰。荊州百姓在集市之日聽說羊祜的死訊，罷市痛哭，街巷悲聲相屬，連綿不斷；吳國守邊將士也為之落淚。

羊祜的仁德流芳後世，襄陽的百姓為紀念他特地在羊祜生前喜歡遊憩的峴山上刻下石碑，建立廟宇，按時祭祀，由於人們一看見石碑就會忍不住傷心落淚，杜預因此稱之為「墮淚碑」。

羊祜臨終前，對子女所囑兩件事：一是囑咐親人不得將他的官印入柩；二不得修陵寢，只求和他的父母葬在一起。羊祜死後，堂弟羊琇按照他的意願，把他葬於故里祖墓之側。晉武帝念其功高，且賜給離城十裏外近陵葬地一頃，追贈侍中、太傅。因此，羊祜歸葬新泰故里的遺願沒有實現。

羊祜死後二年，杜預按羊祜生前的軍事部署一舉滅吳，完成了祖國統一大業，當滿朝文武歡聚慶賀的時候，武帝手舉酒杯，流著眼淚說：「此羊太傅之功也！」

▋專家品析

在三國後期出場的西晉名將羊祜，其智慧才華是諸葛亮、司馬懿、陸遜都無法與之抗衡的，雖然在他死後二年西晉才完成統一中國的大業，但當捷報傳到京城，普天同慶時，晉帝司馬炎忽然痛哭流涕地說：「這是羊太傅的功勞，可惜他不能親眼目睹了！」

羊祜一生雖身居高位，但立身清儉，他的不朽業績和高尚的品格將永遠受到世人傳頌。羊祜生前有很多著述，受命修撰《晉禮》、《晉律》，對晉朝典制創立多有貢獻。晉滅吳的戰爭結束了漢末以來長期的分裂割據狀態，使中國重歸一統。羊祜雖然沒有親自參加這次戰爭，但他為規劃、準備這場戰爭作出了不可磨滅的貢獻。

▋軍事成就

羊祜的〈請伐吳疏〉是上奏伐吳的奏疏，是一篇重要的文獻。全

文選摘如下：先帝順天應時，西平巴蜀，南和吳會，海內得以休息，
兆庶有樂安之心。而吳復背信，使邊事更興。夫期運雖天所授，而功
業必由人而成，不一大舉掃滅，則役無時得安。亦所以隆先帝之勳，
成無為之化也。故堯有丹水之伐，舜有三苗之征，咸以寧靜宇宙，戢
兵和眾者也……。

27 投身戎旅建軍功，忠順勤勞似孔明

——陶侃·東晉

生平簡介

姓　　名	陶侃。
字	士行。
出 生 地	鄱陽（今江西鄱陽）。
生 卒 年	西元二五九至三三四年。
身　　份	軍事家。
主要成就	在穩定東晉初年動盪不安的政局上，頗有建樹。

名家推介

　　陶侃（西元 259-334），字士行，漢族，本為鄱陽（今江西鄱陽）人。中國東晉時期名將，大司馬，是我國晉代著名詩人陶淵明的曾祖父。

　　他一生戰績輝煌，在討伐流民起義、蘇峻叛亂，維護東晉政權穩固中起到了巨大作用。他治軍有方，用兵有謀，處事機密，是東晉政權中少有的英明將帥。

▌名家故事 ─────

　　八王之亂引起江南動盪不安的局勢，為陶侃施展才幹提供了機遇。西晉末年，秦、雍一帶的人民因天災和戰亂，大量流徙，流民因不堪當地官吏欺壓而聚眾起義。太安二年，張昌聚眾在江夏起義，起義軍發展到了三萬，引起朝廷的不安。朝廷派南蠻校尉、荊州刺史劉弘率領軍隊前去鎮壓，劉弘上任，即以陶侃為南蠻長史，命他為先鋒開赴襄陽討伐張昌。

　　陶侃率軍進駐襄陽，連戰皆捷，終將這次起義鎮壓下去。在這個過程中，陶侃在軍事上顯示的才幹使劉弘十分感歎，平定張昌叛亂後，陶侃因軍功得到賞賜。荊、揚等州出現了一個暫時安定的局面。這時北方的戰亂已愈演愈烈，西晉朝廷名存實亡。

　　太寧三年，陶侃平定王敦之亂後，明帝即用陶侃為都督荊、湘、雍、梁四州軍事、荊州刺史。陶侃治荊州，很重視社會秩序的穩定和發展農業生產。平定王敦後，荊州大地饑荒，百姓流離失所，很多人被餓死，當初，羊祜、劉弘在荊州勸課農耕使生產發展，頗得民心，這對陶侃影響不小。陶侃在荊州，沒有事的時候總是在早晨把一百塊磚運到書房的外邊，傍晚又把它們運回書房裏，別人問他這樣做的緣故，他回答說：「我正在致力於收復中原失地，過分的悠閒安逸，唯恐不能承擔大事，所以才使自己辛勞罷了。」陶侃生性聰慧敏捷，做人謹慎，為官勤懇，整天嚴肅端坐，軍中府中眾多的事情，自上而下去檢查管理，沒有遺漏，不曾有片刻清閒。招待或送行有理有序，門前沒有停留或等待之人。他常對人說：「大禹是聖人，還十分珍惜時間，至於普通人則更應該珍惜分分秒秒的時間，怎麼能夠遊樂縱酒呢？活著的時候對人沒有益處，死了也不被後人記起，這是自己毀滅

自己啊！」有一次，陶侃外出，看見一個人手拿一把未熟稻穀，陶侃問：「你拿它做什麼？」那人回答：「在路上看見的，就隨意拿來罷了。」陶侃大怒說：「你既不種田，又拿別人的稻子戲耍！」陶侃抓住他鞭打他，自此百姓勤於農事，家中充足。造船的時候，陶侃命人把木屑和竹頭都登記後收藏起來，人們都不明白這樣做的原因，後來大年初一聚會時，地面積雪，太陽剛放晴，廳堂前積雪，地面還潮濕，陶侃於是用木屑鋪撒地面。伐蜀時，又用陶侃保存的竹頭作釘裝船，可見陶侃綜合料理事物極其細密。在他治理下，出現了自南陵到白帝城數千里中，路不拾遺的太平景象，這說明了當時荊州社會較安定，生產得到了極大發展。

平定蘇峻之亂中，陶侃以重兵被推為「盟主」，蘇峻的士兵，多是北方流民，驍勇善戰，庾亮率軍進攻，為峻軍所敗，陶侃沒有治庾亮戰敗之罪，陶侃對庾亮如此寬容，諸將誰不力戰，蘇峻之亂最後在諸軍合作下得以平定。東晉政局危而復安，應該說，陶侃對於促進這一局面的出現還是起了不小的作用。蘇峻之亂後，陶侃因功而升為太尉、都督八州軍事，封長沙郡公，仍然駐兵荊州。其權力之顯赫，在東晉一朝也是屈指可數的。

陶侃在門閥政治下掙扎奮鬥幾十年，才得以出人頭地，但仍為士族們瞧不起。同時，士族們不會允許一個寒門出身的人總攬東晉朝權的，陶侃明白自己的處境，也不敢輕易侵犯士族權益。陶侃晚年位極人臣，能掌握為官的分寸，不爭權奪利，對他個人來說，不失為一種明智的選擇，這樣既可維持他富於天府的家業，又可保住子孫的前途。

他還欲在北伐上有所作為，荊州西臨成漢，北接後趙。咸和七年，陶侃派遣母丘奧經營巴東，又派遣桓宣收復為後趙佔據多年的襄

陽，襄陽為荊州北門，它起著阻止後趙沿漢水南下的作用，又是東晉
經略北方的一個重要陣地，陶侃的願望是向北發展，因其病重而未能
如願，他的這種不因功名成就而喪失進取心的精神，確實難能可貴。

咸和九年六月，陶侃在病中上表，請求辭去官位，遣人將官印節
傳等送還朝廷，他在離開荊州任所的第二天，竟死在途中的樊溪。時
年七十六歲，根據他的遺囑，葬在長沙南二十里的地方。

▌專家品析 ─────

陶侃是一代名將，在東晉的建立過程中，在穩定東晉初年動盪不
安的政局上，頗有建樹。他雖出身貧寒，在西晉風雲變幻中，能衝破
門閥政治，使寒門入仕成為一種可能，當上東晉炙手可熱的荊州刺
史，又頗有政績，是頗具傳奇色彩的人物。《晉書》、《世說新語》等
史書中，記載著不少有關他的遺聞逸事。

陶侃一生中做事頗為縝密細緻，勤於調查，所以他的才幹頗為當
時人所稱道。陶侃的才略，特別在當時士族居官不屑理事的風氣下，
能勤於吏職，在東晉官吏中是極少見的。

▌軍事成就 ─────

陶侃的一生前人用「機神明鑒、清廉勤政」八個字來概括。所到
之處，簡刑罰，勸課農桑，使百姓能安居樂業；勤儉節約，反腐倡
廉，懲治貪官懶吏，深受將士和百姓的愛戴；他居安思危，教育他的
部下，要珍惜光陰，愛護百姓，而且能以身作則。

28 剿滅成漢收復蜀，
率軍三次北伐徵

—— 桓溫 · 東晉

生平簡介

姓　　名　桓溫。

別　　名　桓符子、桓公。

出 生 地　譙國龍亢（今安徽懷遠）。

生 卒 年　西元三一二至三七三年。

身　　份　政治家、軍事家。

主要成就　剿滅成漢、收復蜀地；率軍
　　　　　三次北伐。

名家推介

　　桓溫（西元 312-372），字元子，漢族，譙國龍亢（今安徽省懷遠縣西龍亢鎮）人。他歷任東晉徐州刺史、荊州刺史、江州刺史、揚州刺史、征西將軍、都督天下軍事、大司馬等職。

　　他一生在軍事上的主要成就有：攻滅成漢，收復蜀地；三次北伐，戰功累累，威名赫赫。他所取得的成就是同時代其他人無法能比擬的，但桓溫只把北伐作為提高自己聲望，進而成為他篡奪權位的手段，導致了他一生功虧一簣。

▌名家故事 ─────────

　　西元三四五年十一月，桓溫出兵伐蜀，派袁喬率二千人為前鋒。他上了表就出發，所以朝廷雖有異議，也無法阻止他了。桓溫長驅深入，到三四七年二月，已經在離成都不遠的平原地區上大耀軍威了。三月，桓溫到了彭模，這裏離成都只有兩百里。桓溫與眾將商議進兵方略。有人主張分兵為二，兩路挺進。袁喬反對，他說：「此刻懸軍萬里之外，得勝可立大功，敗了就全軍覆沒，必須合兵一處，不可分兵。應當丟掉鍋子，只帶三天糧草，表示有去無還的決心，全力進攻，必可成功。」桓溫依計，只留參軍孫盛、周楚帶少數軍隊留守，他自己引兵直取成都。桓溫和李權遭遇，三戰三勝，漢兵潰散，逃回成都。待桓溫進至成都近郊，漢軍首領昝堅才發現自己的失誤，趕忙回來，但見晉軍已逼近成都，自己的軍心慌亂，紛紛不戰而逃。李勢所帶領的幾支兵都完了，他垂死掙扎，領兵出城，在成都西南迎敵。這是滅漢的決戰，也是唯一的一次硬仗。晉軍開頭打得並不順利，參軍龔護陣亡，漢軍的箭射到桓溫馬前，軍心有些動搖。這時，突然鼓聲大振，袁喬拔劍指揮，將士誓死力戰，於是大獲全勝，大軍進到成都城下，放火燒毀城門。李勢連夜逃往葭萌，他自忖無法再戰，只得修了降表，派人送到軍前投降，成漢就此滅亡。桓溫留駐成都三十天，班師還江陵。李勢被送到建康，封歸義侯，後來在建康病故。晉軍主力撤退後，蜀將隗文、鄧定等進入成都，立范長生的兒子范賁做皇帝，到西元三四九年才完全被平定。

　　陶侃平定了蘇峻的叛亂以後，東晉王朝暫時獲得了安定的局面。這時候，北邊卻亂了起來。後趙國主石虎死了以後，內部發生大亂，後趙大將冉閔稱帝，建立了魏國，歷史上稱為冉魏；鮮卑族貴族慕容

跳建立的前燕又滅了冉魏。

西元三五二年，氐族貴族苻健也乘機佔領了關中，建立了前秦。後趙滅亡的時候，東晉的將軍桓溫向晉穆帝上書，要求帶兵北伐。但是東晉王朝內部矛盾很大，晉穆帝表面上提升了桓溫的職位，實際上又猜忌他。桓溫要求北伐，晉穆帝沒有同意，卻另派殷浩帶兵北伐。殷浩是個只有虛名、沒有軍事才能的文人。他出兵到洛陽，被羌族人打得大敗，死傷了一萬多人馬，連糧草武器也丟光了。桓溫又上了道奏章，要求朝廷把殷浩撤職辦罪。晉穆帝沒辦法，只好把殷浩撤了職，同意桓溫帶兵北伐。

西元三五四年，桓溫統率晉軍四萬，從江陵出發，分兵三路，進攻長安。前秦國主苻健派兵五萬在嶢關抵抗，被晉軍打得落花流水。苻健只好帶了六千名老弱殘兵，逃回長安，挖了深溝堅守。桓溫勝利進軍到了灞上，長安附近的郡縣官員紛紛向晉軍投降。桓溫發出告示，要百姓安居樂業。百姓歡天喜地，都牽了牛，備了酒，到軍營慰勞。自從西晉滅亡以後，北方百姓受盡混戰的痛苦。他們看到桓溫的晉軍，都高興地流著眼淚說：「想不到今天還能夠重新見到晉軍。」桓溫駐兵灞上，想等關中麥子熟了的時候，派兵士搶收麥子，補充軍糧。可苻健也厲害，他料到桓溫的打算，就把沒有成熟的麥子全部割光，叫桓溫收不到一粒麥子。桓溫的軍糧斷了，待不下去，只好退兵回來。但是這次北伐畢竟打了一個大勝仗，晉穆帝把他提升為征討大都督。

西元三五六年六月，桓溫進行第二次北伐，從江陵發兵，向北挺進。八月，桓溫揮軍渡過伊水，與羌族首領姚襄軍二次戰於伊水之北，大敗姚襄收復洛陽。桓溫在洛陽修復西晉歷代皇帝的陵墓，又多次建議東晉遷都洛陽。東晉朝廷對桓溫的北伐抱消極態度，只求苟安

東南，無意北還，桓溫只得退兵南歸。到西元三五九年，中原地區被慕容氏的前燕政權所佔領。西元三六三年，桓溫被任命為大司馬，都督中外諸軍事，錄尚書事，第二年又兼揚州刺史。桓溫身為宰相，又兼荊揚二州刺史，桓溫盡攬東晉大權。

西元三六九年，桓溫利用執權之機，發動了第三次北伐，討伐前燕政權。四月出發，六月到金鄉，桓溫率水軍經運河、清水河進入黃河，一直進軍至枯頭。前燕王任命慕容垂為大都督，率五萬軍隊前往抵禦，將晉軍糧道截斷。桓溫被迫從陸路追擊，慕容垂率八千輕騎兵追擊，將晉軍打得潰不成軍，斬晉軍三萬餘，桓溫敗歸後，所收復的淮北土地重又喪失。

桓溫長期掌握大權，桓溫看到建康的士族中反對他的勢力還不小，不敢輕易動手，希望朝廷賜其九錫的願望也沒能實現，兵權由其弟桓沖接掌。不久桓溫病死，終年六十二歲。

▌專家品析

桓溫的失敗有主客觀兩方面的原因。從主觀上來說，桓溫北伐不是真正想收復中原，而是志在立威，企圖通過北伐，樹立個人威信，伺機取晉室而代之。因此，桓溫在作戰中務求持重，在大好形勢下常常觀望不進，貽誤戰機。用兵貴在多謀善斷，相機而動。桓溫此多次在大好形勢下觀望不進，優柔寡斷，而且桓溫性情驕躁，不聽勸諫，這些都使得他的抱負難以實現。

從客觀上來說，東晉君臣無意恢復失地，志在割江自保，而桓溫權勢日增，朝廷對他深懷戒心，因此他北伐得不到真正的支持。無論

怎麼說，桓溫的征伐還是有一定的積極意義，它支持了北方各族人民反抗剝削壓迫的鬥爭，打擊了少數族統治者的殘暴統治，這是符合當時中原人民願望的。

▌軍事成就

桓溫一生活躍在淝水之戰前夕，一生以恢復神州、青史留名為人生的終極目標而奮鬥，滅亡成漢，三次北伐，鎮守西府，為穩定晉朝，做出了重大的貢獻。

29 大權握謙如周公，治軍紀仁者無敵

—— 慕容恪・東晉

▌生平簡介

姓　　名	慕容恪。
字	玄恭。
出 生 地	昌黎棘城（今遼寧義縣西北）。
生 卒 年	西元三二一至三六七年。
身　　份	政治家、軍事家。
主要成就	奇襲麻秋、威震高句麗、燕魏相爭以鐵浮圖大敗冉閔。

▌名家推介

　　慕容恪（西元 321-367），字玄恭，昌黎棘城（今遼寧義縣西北）人，鮮卑族，十六國時期前燕傑出的政治家、軍事家、統帥。他和輔義將軍陽騖、輔弼將軍慕容評，號稱「三輔」，又與陽騖、慕容評同為託孤重臣。

　　慕容恪一生用兵，始終未遭敗績，軍事上的成就主要有：奇襲麻秋、威震高句麗、毀滅宇文部、剋高麗平扶餘、燕魏相爭以鐵浮圖大敗冉閔。

▌名家故事 ————

西元三三八年五月，後趙皇帝石虎和前燕軍違約，不會師而獨攻段氏，得勝後又發兵數十萬北伐前燕，燕國軍民大為驚恐，兩軍相持十餘日，趙軍不能攻破前燕，於是後退。慕容皝派慕容恪率兩千騎兵於清晨出城追殺，石虎見城內大批軍隊開出，大驚之下棄甲潰逃。慕容恪乘勝追擊，大敗趙軍，斬獲石虎大軍三萬餘人。十二月，段氏鮮卑首領段遼派遣使者向後趙請降，中途反悔，又遣使向前燕投降，並與燕合謀設伏，想要消滅趙軍。當時後趙皇帝石虎已派征東將軍麻秋、司馬陽裕等率兵三萬前去受降。前燕王慕容皝自統大軍前往迎戰段遼，派慕容恪帶精騎七千人埋伏於密雲山。慕容恪大敗麻秋於三藏口，趙軍死亡大半，麻秋步行逃脫。

西元三四一年十月，燕王慕容皝以慕容恪為渡遼將軍，鎮守平郭。前燕自從慕容仁被殺後，無人能鎮守遼東。慕容恪到了平郭，撫舊懷新，屢破高句麗兵，高句麗畏懼慕容恪，從此不敢再入燕境。

西元三四四年二月，慕容皝親自帶兵攻打宇文逸豆，以建威將軍慕容翰為前鋒將軍，劉佩為副將；命慕容恪與慕容軍、慕容霸及折衝將軍慕輿根等率兵分三路並進，最終大破宇文軍，燕軍乘勝追擊，攻克宇文氏都城紫蒙川。宇文逸豆敗逃，死於漠北，宇文氏從此滅亡。

當時，魏國冉閔已攻克襄國，因此就在常山、中山等地聚集了胡族、羯族一萬多人保衛據守，自稱為趙帝。夏季，前燕王慕容俊派慕容恪等人率兵攻擊魏國，冉閔駐軍於安喜，慕容恪率兵攻擊，冉閔向常山開進，慕容恪緊追不捨，一直追到魏昌縣的廉臺。冉閔與前燕兵交戰十次，前燕兵全都沒有獲勝。冉閔歷來有勇猛的名聲，所統領的士兵精良，前燕人很懼怕他。慕容恪巡視兵陣，對他的將士們說：

「冉閔有勇無謀，只能以一當一而已！他的士兵饑餓疲憊，武器裝備雖然精良，但實際上難以為用，我們不難打敗他們！」冉閔因為自己所統領的多是步兵，而前燕全是騎兵，於是就率領兵眾向叢林開進。慕容恪的參軍高開說：「我們騎兵在平坦地域作戰有利，如果冉閔進入叢林，就無法再控制他了，應該火速派輕裝的騎兵去攔截他，等到交戰以後再假裝逃跑，誘使他來到平坦地域，然後便能進行攻擊了。」慕容恪聽從了這一意見。果然魏兵中計，回師追到平坦的地域，慕容恪把軍隊分為三部分，對將領們說：「冉閔生性輕敵，銳氣十足，又認為自己兵眾較少，一定會拼死與我們作戰。我要在中軍的陣地上集中優勢兵力等著他，等到交戰以後，你們從兩翼發起攻擊，攻無不克。」於是他就選擇五千名善於射箭的鮮卑人，用鐵鍊把他們的馬匹聯結起來，形成方陣，佈置在前面。冉閔所騎的駿馬名叫朱龍，日行千里，只見他左手持有兩刃矛，右手拿著鉤戟，用來攻擊前燕兵，殺掉了三百多人。當他望見敵方寬大的儀仗旗幟後，知道這便是中軍，就徑直發起衝擊。這時，前燕軍的其他兩部分從兩翼夾擊，徹底把冉閔團團圍住，冉閔突破重圍向東逃竄了二十多里，不巧駿馬朱龍突然死亡，冉閔被前燕兵俘獲。前燕兵殺掉了魏國僕射劉群，抓到了董閔、張溫及冉閔，把他們全都送往薊城。四月，慕容俊以慕容恪為大司馬、侍中、大都督、錄尚書事，封太原王。

西元三六〇年正月，慕容俊去世，太子慕容繼位，年僅十一歲。二月，燕國以慕容恪為太宰，執掌朝政。西元三六一年二月，寧南將軍呂護，鎮守野王，暗中投靠東晉，東晉以呂護為前將軍、冀州刺史。呂護欲引東晉軍偷襲燕都鄴，未及行動，事情敗露，三月，燕王派遣慕容恪統軍前往野王平叛。慕容恪率軍五萬，冠軍將軍皇甫真領兵一萬，進至野王城外，呂護閉城固守。到七月，呂護軍被圍數月，

外無救兵，內無糧草。呂護被迫令部將張興率領七千人馬出城迎戰，張興被傅顏斬殺。當夜，呂護以黃甫真營陣為突圍口，率城中銳卒試圖突圍，皇甫真事先已做好防備，慕容恪領兵從側翼出擊，呂護所部死傷慘重，呂護單騎逃往滎陽，燕軍攻克野王。

西元三六五年二月，慕容恪與吳王慕容垂共攻洛陽，慕容恪奪取洛陽後，隨即攻佔崤、澠等地，使關中大震，前秦王符堅親自到陝城防備，不久，慕容恪率軍撤回鄴城。

西元三六六年七月十九日，慕容恪病逝，臨終前，他向慕容暐推薦慕容垂繼承自己的地位。慕容垂在慕容恪去世之後，表現出了卓越的才能，足見當年慕容恪的慧眼識人。

▌專家品析 ───────

慕容恪一生都在南征北討中度過，他所面臨的對各個民族和國家的軍事戰爭難度對比，在歷史中來看都是難度頗高的。他滅扶餘、儞遼東、平內亂、震前秦、抗東晉，慕容世家以「金戈鐵馬、縱橫沙場、輩出英雄」而著名，那麼慕容恪則就是慕容世家血脈創造出來的「戰爭天才」。不但自己領兵打仗未嘗一敗，包括他總領的前燕軍事，燕國所有的軍事行動也是全部獲勝。

▌軍事成就 ───────

慕容恪治軍人性化，所以慕容恪一生用兵未遭敗績。不戰而屈人之兵，慕容恪成就了兵家最高境界。

30 武威將軍有膽略，
帶兵有方善籌謀

—— 陳慶之 · 南北朝

▎生平簡介

姓　　名	陳慶之。
字	子雲。
出 生 地	義興國山（今江蘇省宜興市）。
生 卒 年	西元四八四至五三九年。
身　　份	軍事家。
主要成就	以七千兵力抵敵五十萬大軍攻取洛陽。

▎名家推介

　　陳慶之（西元 484-539），字子雲，漢族，義興國山（今中國江蘇省宜興市）人，中國南北朝時期南朝梁將領。

　　他年少時為梁武帝蕭衍隨從，後為武威將軍，有膽略，善籌謀，帶兵有方，深得軍心。陳慶之一生征戰，常設奇謀，多為以少勝多，而且長於攻城。無論是北伐橫掃河洛，還是揮師馳騁邊陲，均充分顯示他傑出的軍事才能，北伐之戰，可謂氣吞萬里如虎。

▌名家故事 ————

　　北魏後期，大通二年，北魏發生內亂，有實力的紛紛割據，於是元顥以本朝大亂為由投降梁國蕭衍，並請梁朝出兵幫助自己稱帝。蕭衍為元顥的語言迷惑，又有試探北魏的想法，於是以元顥為魏王，以陳慶之為飆勇將軍，率兵七千人護送元顥北歸洛陽稱帝。

　　其實，元顥也沒打算真的打下洛陽，他出兵不久就稱帝不走了，封陳慶之為衛將軍、徐州刺史、武都公，命他繼續督軍北上攻滎陽，委任他自行戰鬥。於是在連綿的春雨之中，陳慶之帶領自己直屬的區區七千軍隊，開始了神話一般的北伐之旅。

　　西元五二九年四月，陳慶之領兵乘北魏徵討邢杲起義軍之際，乘虛攻佔滎城。陳慶之攻克滎城後，進軍睢陽，七千軍隊對睢陽七萬大軍，一比十，而軍力多的反而防守，守軍連築了九座營壘抵擋，結果陳慶之一上午就攻陷了其中三座，守將完全失去了鬥志，於是舉眾投降。攻克睢陽之後，陳慶之繼續進軍洛陽，一路上有不少地方聞風歸降。

　　五月，魏帝元子攸分派部眾扼守滎陽、虎牢等地，以保衛京都洛陽。魏軍共計三十萬人，幻想對梁軍進行合圍，沒想到包圍圈剛剛形成，還沒來得及進攻，陳慶之已經攻下了七萬守軍的滎陽。

　　不久，北魏將元天穆等帶二十萬援兵圍城，其中有十五萬是精銳的少數民族騎兵。佔領滎陽的陳慶之看到二十餘萬北魏援軍浩浩蕩蕩壓到城下，壓根沒想守城，率三千精騎背城而戰。三千對二十萬，雙方大部是騎兵。陳慶之三千人全殲北魏二十萬援軍，魯安於陣前投降，元天穆、爾朱吐單騎逃跑。陳慶之大概還覺得不過癮，帶著這三千人順便進軍虎牢關，有一萬精銳、踞雄關險要的虎牢守將朱世隆不

敢戰，棄城而逃。此時，陳慶之距離洛陽只有一步，但他沒機會打洛陽了，因為洛陽守將直接投降了。元顥於是進入洛陽，元顥改元大赦，然後開始學習其他君主，花天酒地，後又加封陳慶之為侍中、車騎大將軍、左光祿大夫，增邑萬戶。

在接到手下一連串的敗陣報告之後，爾朱榮把北魏自己控制之下的幾乎全國之兵，號稱百萬，從北邊南下攻打洛陽。洛陽附近的小城在大軍重壓之下，紛紛反叛。陳慶之在元顥看來雖然功勞蓋世，但一開始就沒想把答應南梁的條件當回事情的元顥是不可能重用他的。陳慶之自己也清楚得很，主動要求到黃河以北去防守洛陽的門戶北中郎城，北魏爾朱榮也執意要和陳慶之分個高下，於是一股勁地攻打陳慶之，三天打了十一仗，七千人的陳慶之部隊把上百萬的爾朱榮部隊打得死傷慘重，爾朱榮簡直都絕望之下下令退兵。

這時有個隨軍的星相學家劉靈助勸爾朱榮不要退兵。爾朱榮也想通了，他拿陳慶之沒辦法，就去端元顥的老窩。爾朱榮很快把洛陽攻陷，元顥也被殺。陳慶之在北方完全失去了根據地，只得東撤準備回建康。爾朱榮親自率領大軍隨後追趕，但這追也不是，不追也不是，因為追遠了等於沒追，追近了他又不敢，兩支軍隊就這麼拖著一直到河南邊界一帶，陳慶之準備指揮軍隊過河，但突如其來的山洪無情地衝走了他百戰百勝的部隊。這是陳慶之一輩子唯一一次有可能死在戰場上的機會，但陳慶之裝成和尚秘密潛回建康。

同年十二月，梁武帝蕭衍以陳慶之為持節、都督緣淮軍事、封奮武將軍、北兗州刺史。時有妖僧僧強自稱天子，土豪蔡伯龍也起兵相應，眾至三萬，攻陷北徐州。濟陰太守楊起文棄城而逃，鍾離太守單希寶被害，梁武帝詔令陳慶之前去征討，並親自為他餞行。

陳慶之受命而行，不到十二天，便斬蔡伯龍、僧強等叛首。西元

五三〇年，梁武帝以陳慶之為四州諸軍事首領、南、北司二州刺史，陳慶之到任後，於是派軍隊包圍了懸瓠，大破北魏潁州刺史婁起、又破行臺孫騰、大都督侯進、豫州刺史堯雄、梁州刺史司馬恭於楚城。陳慶之這時又顯示出他作為政治家的卓越才能，陳慶之隨即減免了義陽鎮的兵役，停止水運補給，使江湘諸州得以休養生息，並開田六千頃，兩年之後，糧食充實。西元五三六年十月，東魏定州刺史侯景率七萬人攻打楚州，俘虜楚州刺史桓和，侯景乘勝進軍淮上，並寫了信勸陳慶之投降，陳慶之迎來了他一生之中最後一戰，陳慶之手下當時不到萬人，梁帝緊張之至，急調侯退、夏侯夔率所部馳援。剛剛出發不久，軍至黎漿，前線傳來消息：侯景軍隊已經被殲滅，陳慶之則收繳敵人的輜重凱旋而還。同年，豫州鬧饑荒，陳慶之開倉放糧濟災民，使大部分災民得以度過饑荒。以李升為首的八百多名豫州百姓請求為陳慶之樹碑頌德，梁武帝下詔批准。

西元五三九年十月，陳慶之去世，時年五十六歲。梁武帝以他忠於職守，戰功卓著，政績斐然，追贈他為散騎常侍、左衛將軍，諡號「武」。

▌專家品析

陳慶之一生征戰，常設奇謀，多為以少勝多，而且長於攻城。無論是北伐橫掃河洛，或揮師馳騁邊陲，均充分顯示其傑出的軍事才能。北伐之戰，可謂氣吞萬里如虎。

▌軍事成就 ————————

陳慶之的北伐，行程三千餘里，四十七戰攻克魏三十二座城池，一往無前，可謂神勇。陳慶之北伐以少破多的戰績，有事實基礎，但也略有誇大之處。不過，梳理各種立場的史籍記載，擠乾神話中的水分，陳慶之依然不失為一代傑出戰將，有他的白袍飄飄，起碼我們不會再將亞歷山大數萬人破波斯百萬大軍的戰績視為不可複製的傳奇。

31 戎馬一生兵戈事，後世流傳軼事多

—— 李靖·唐

生平簡介

姓　　名　李靖。

字　　　　藥師。

出 生 地　雍州三原（今陝西三原縣東北）。

生 卒 年　西元五七一至六四九年。

身　　份　軍事家。

主要成就　出戰突厥，生擒頡利可汗，肅清北境，平息吐谷渾。

名家推介

　　李靖（西元 571-649），字藥師，漢族，雍州三原（今陝西三原縣東北）人。隋末唐初將領，是唐朝文武兼備的著名軍事家，封衛國公，世稱李衛公。

　　他一生主要戰績有：出戰突厥，生擒頡利可汗，肅清北境；平息吐谷渾。他治軍、作戰積累了一套成功的經驗，豐富和發展了我國的軍事思想和理論。他著有《李靖六軍鏡》等多部兵書，後人編輯了《唐太宗李衛公問對》，在北宋時期列入《武經七書》，是古代兵學的

代表著作。

▌名家故事

　　武德八年八月，突厥頡利可汗率十餘萬人越過石嶺，大舉進犯太原，唐高祖馬上命李靖為行軍總管，統率一萬多江淮兵駐守太谷，與並州總管任瓌等迎擊敵人。由於突厥來勢兇猛，諸軍迎戰大多失利，任瓌全軍覆沒，只有李靖軍得以保全。不久，又調李靖為靈州道行軍總管，以抗擊東突厥。

　　貞觀四年正月，李靖只帶了精銳騎兵三千人從馬邑出發，夜襲定襄城。突厥沒有料到唐軍會在天寒地凍的正月發動進攻，這次奇襲非常成功，定襄被一舉攻克，楊政道被俘虜。頡利可汗不知李靖只有三千騎兵，以為唐朝必定以傾國兵力進犯，不然李靖這種大將不會出現，草木皆兵之下，頡利不敢迎戰，主動向北撤退。李靖發現了頡利的判斷失誤，索性就冒充唐軍主力的樣子在後追擊，同時派人恐嚇收買突厥各路小諸侯、小可汗，令他們投降唐朝，弄得頡利眾叛親離，身邊只剩下幾萬部隊。

　　頡利可汗眼看已無力與唐朝為敵，於是遣使求和，願意舉國稱臣，甚至同意自己親自到長安朝見，那等於是宣佈投降了。李世民准予接納，派李靖帶兵前往「迎接」，又派了大臣唐儉做外交使節去頡利那裏「撫慰」他。當時頡利手下還有數萬戰士，這數萬人的忠心是無可懷疑的，其戰鬥力仍不可忽視，應該還沒到窮途末路要主動投降的地步。可能頡利的所謂求和只是一種緩兵之計，不過遺憾的是，頡利的緩兵之計其實要了自己的命，本來唐軍在前線只有李靖的三千

人，趁著和談這段時間，唐軍的主力在李勣的帶領下終於趕到，與李靖匯合了。如果頡利不和談而繼續逃跑，李靖兵少絕對不趕窮追，頡利一和談，倒把唐軍主力給等來了。

二李合兵後，決定利用頡利自以為得計防禦懈怠之時，李靖率騎兵趁黑夜攻下定襄，李勣在白道大破突厥。頡利大敗，在鐵山休兵息馬，準備進入漠北。李靖與李勣會師白道，合謀進兵。唐軍乘夜出兵，李靖在前，李勣在後。在陰山俘獲突厥一千餘座大帳。當時唐朝派遣的議和使臣唐儉正在突厥營中，頡利可汗毫無戰爭準備。唐將蘇定方為前鋒，李靖率大軍隨後進發，唐軍奮擊，突厥兵潰散，被殺死一萬餘人，俘虜十餘萬人，繳獲牲畜數十萬頭，頡利可汗乘千里馬逃跑，李勣堵截突厥歸路，頡利無法北歸，各部酋長紛紛率眾投降，李勣俘虜五萬餘人。陰山之戰，唐朝大敗東突厥。頡利兵敗後逃到小可汗蘇尼失的居地靈州，蘇尼失把頡利押送給唐軍，率眾投降，突利可汗等紛紛降唐，突厥部落或北附薛延陀，或者投奔西突厥，東突厥滅亡。這一仗全殲了東突厥最後的軍事和政治力量，滅亡了東突厥政權。

李靖大軍班師回朝後不久，就發生了吐谷渾進犯涼州的事件，朝廷決定興兵反擊。在任命統帥時，唐太宗自然想到了足智多謀、威名震撼邊庭的李靖，認為他是最合適的人選，可惜當時這位將軍正在有病期間。而這位年逾花甲的老將軍一聽到朝廷將遠征吐谷渾的消息，頓時精神抖擻，他顧不上足疾與年事已高，主動去求見宰相房玄齡，請求掛帥，親自遠征。

李靖奉命赴任，唐軍在庫山與吐谷渾交戰，部將李道宗部大敗吐谷渾，唐軍首戰告捷。李靖親自率領的北路軍進展順利，又連戰告捷。李大亮軍於蜀渾山擊敗吐谷渾軍，俘獲王爺二十餘人。唐軍乘勝

進軍，經過積石山河源，一直打到吐谷渾西陲且末。部將契苾何力追擊伏允可汗，殺敵數千人，繳獲牛羊二十多萬頭，並俘虜了他的妻子。伏允可汗率一千多騎兵逃到磧中，已到了山窮水盡的地步，部下紛紛離散。不久，伏允可汗為部下所殺。其長子大寧王慕容順殺死天柱王，率眾降唐。李靖率軍經過了兩個月的浴血奮戰，平定了吐谷渾，並向京師告捷。

不久，李靖因功進封衛國公，貞觀十七年，又與長孫無忌等二十四人圖像於凌煙閣，尊奉為功臣，並進位開府儀同三司。

貞觀二十三年，李靖病情惡化，唐太宗親臨病榻慰問。他見李靖病危，涕淚俱下，李靖在貞觀二十三年去世，享年七十九歲。一代名將，終於在寂寞中辭世，雖然寂寞，但畢竟是壽終正寢，得享天年，這也許是名將最好的歸宿。因為他一生戰功顯赫，死後經常顯靈，為百姓救危解厄，百姓為他建廟供奉，於是到晚唐時候，李靖漸漸被神化了。

▌專家品析 ────

李靖軍功卓越。上元元年，唐肅宗把李靖列為歷史上十大名將之一，並配享於武成王（姜太公）廟。他才兼文武，出將入相，為唐朝的統一與鞏固立下了赫赫戰功。同時，他治軍、作戰又積累了一套成功的經驗，進一步豐富和發展了我國的軍事思想和理論。他寫有《李靖六軍鏡》等多部兵書，在北宋時期列入《武經七書》，是古代兵學的代表著作。

貞觀十七年二月，唐太宗李世民為懷念當初一同打天下的眾位功

臣（當時已有數位辭世，還活著的也多已老邁），命閻立本在淩煙閣內描繪了二十四位功臣的圖像，其中衛國公李靖排第八。

▌軍事成就 ————

在李靖的戎馬生涯中，他指揮了幾次大的戰役，取得了重大的勝利，這不僅因為他勇敢善戰，更因為他有著卓越的軍事思想與理論。他根據一生的實踐經驗，寫出了優秀的軍事著作，著有《李靖六軍鏡》等多部兵書，後人編輯了《唐太宗李衛公問對》，在北宋時期列入《武經七書》，是古代兵學的代表著作。

32 高祖賜姓成純臣，
委以大任賞賜恩

—— 李勣・唐

▌生平簡介

姓　　名	李勣。
別　　名	徐世。
出 生 地	曹州離狐。
生 卒 年	西元五九四至六六九年。
身　　份	軍事家。
主要成就	唐朝統一的功臣、北定突厥的主將、征服遼東的主帥。

▌名家推介

　　李勣（西元 594-669），本姓徐，名世勣，字懋功。漢族，曹州離狐人。武德初年降唐，授任黎州總管，封「萊國公」，賜姓李。後為避太宗名諱，改名李勣。

　　他是唐朝傑出的軍事家，李勣的一生可以分為五個階段：瓦崗英雄、唐朝統一的功臣、北定突厥的主將、征服遼東的主帥、輔佐老臣。縱觀李的戎馬生涯中，他能謀善斷，有傑出的軍事才幹。

▌名家故事 ────────

　　大業十二年，翟讓在瓦崗聚眾起義，李勣這時才十七歲，也成了瓦崗寨的一員。瓦崗軍的發展勢態良好，吸引了越來越多的豪傑，如王伯當、單雄信等都當了小頭目，李密當時參加叛亂失敗，也亡命來此加入。李勣見李密的名號更響、領導能力更強，就勸說翟讓讓位給李密，以擴大影響力。李密成為瓦崗軍的最高統帥，非常受擁戴。後來李密和翟讓之間產生了矛盾，李密在他人勸說下用計殺死翟讓，身為翟讓部下的李勣在這場突如其來的變故中，脖子被亂兵嚴重砍傷。雖然李密將李勣扶入帳中，還親手為他上藥，並讓李勣分領了翟讓的舊部，但李勣的心裏還是懷念舊主。

　　西元六一九年，李密被在洛陽稱霸的王世充擊敗，自殺未遂、意志崩潰之時，入關降唐。李勣全面接管了李密的勢力範圍，東至大海，南至長江，西至汝州，北至魏郡。

　　有一天，他的軍營裡來了一個神秘的客人，李密的部下魏徵。魏徵本來是個道士，和李勣、單雄信都是老朋友，此刻已在唐高祖李淵手下當了秘書丞，來勸降李勣，李勣同意歸順大唐。

　　西元六一九年十月，竇建德軍大敗李勣，抓走了李勣的父親李蓋。李勣本已突圍而出，但因父親做了人質，只好返回投降，竇建德仍派他鎮守黎陽。李勣對唐朝倒是忠心耿耿，內心計畫先多立戰功獲得竇建德的信任，再伺機歸唐。他主動出擊王世充，立下赫赫戰功，竇建德果然對他放鬆了防範。西元六二〇年正月趁機歸返大唐。有人勸竇建德殺死李蓋，竇建德倒也是條漢子，說：「李勣本來就是唐臣，只不過被我抓了起來，他不忘本朝，是個忠臣，殺他的父親又有什麼用。」

　　李勣這次歸唐後，一帆風順，協助秦王李世民，一路勢如破竹，接連平定了劉武周、王世充、竇建德等人的叛亂，勝利返回長安。李勣英勇善戰，論功行賞時，名列諸大將的首位，獲得和秦王一起身披黃金甲祭祀太廟的殊榮。

　　李勣幫李世民破王世充時，他的昔日好兄弟單雄信早就是王世充手下的一員驍將了。單雄信有個外號叫「飛將」，武藝高強。一次，李世民巡視戰場時，與單雄信相遇，單雄信挺槊直刺李世民，差點把秦王捅落馬下，幸好尉遲敬德及時趕到，躍馬大呼，迎戰單雄信，這才使真命天子倖免於難。王世充戰敗降唐後，手下十幾員大將包括單雄信在內都被問成死罪，李勣拼命向李世民推薦單雄信的勇猛善戰，並願意以自己的財產官爵贖回他的性命。

　　大概因為之前差點死在單雄信手裏，李世民堅決不准。李勣只好號哭著退下，去大獄向單雄信訣別，行刑前，李勣在法場生祭單雄信，哭著說：「我以前跟兄長結拜，發誓同生共死。但是我已經以身許國，沒法同時兼顧國家大義和兄弟義氣，況且我死了，誰來照顧兄長的老婆、孩子呢？」於是取出佩刀，從大腿上割下一塊肉，請單雄信吃下，說：「希望你吃下我的肉，讓這塊肉伴隨兄長入土，就當做我沒有辜負從前的情分！」單雄信果然吞了李勣的肉，兩人大哭永別。

　　貞觀元年，李世民登基後，任命李勣為並州總管，坐鎮北方對付突厥。三年後，李勣趁唐朝正和突厥頡利可汗議和，和李靖分道突襲突厥，在突厥軍毫無防備的情況下，殺得對方大敗投降，穩定了唐朝的北方。

　　李勣坐鎮北方十六年，唐朝邊疆太平，唐太宗大贊李勣的功勞遠勝長城。唐太宗任命李勣為兵部尚書，還未赴京上任，漠北薛延陀真

珠可汗又趁機造反，李勣被委任為朔州行軍總管，追擊薛延陀，俘虜了五萬多人。李勣用兵如神，攻下城池後，所得財物都分給部下，自己一點都不貪財，執法又非常嚴格，因此下屬都願意為他效命。

他還有知人善任的名聲，一發現人才，立刻加以禮遇，會邀請人家到自己房間裏談論不休，經他引薦的後來大半都當了大官。李勣回朝後，忽然生了場大病，醫生說要拿鬍鬚灰當藥引。唐太宗長著漂亮的鬍鬚，平時很以此自得，他聽說此事後，馬上自己剪下鬍鬚，命令手下燒成灰給李勣和藥。唐太宗居然親自剪下「龍鬚」，給臣下做藥引，李勣感動得磕頭都磕出血來，唐太宗說：「是為了國家著想，不煩深謝！」

貞觀二十三年，唐太宗李世民病重，故意把李勣遠遠地貶到甘肅去，對太子說：「你對李勣沒什麼恩典，現在我故意貶他，等我死了你再把他召回來，讓他當宰相，他定會為你出死力。」果然唐高宗繼位後馬上召回李勣，任命他為尚書左僕射，也就是宰相。李勣一直是高宗最忠心的臣子。

永徽六年，高宗打算廢掉王皇后，立武則天為后，朝廷的顧命大臣都表示反對，只有李勣一言不發。高宗私下詢問，李勣說：「這是陛下的家事，用不著問外人。」二十九年後，李勣的親孫子徐敬業反武則天失敗，武后下令把李勣的屍骨從墳墓裏挖出來，這是行兩面政策、一生順利的李勣萬萬沒有料到的。

▌專家品析 ────

在唐代，無論是生前還是死後，李勣都享有崇高榮譽。在李勣歸

唐之初，唐高祖就賜他姓李，稱讚他是「純臣」，並委以重任，施以豐厚的賞賜。唐太宗對他鍾愛有加、稱讚有加。甚至在他死後近百年，也就是上元元年，唐肅宗還把他與李靖一起，譽為歷史上十大名將之一，配享武成王（姜太公）廟。認為他和李靖所立下的功績，只有漢朝的衛青和霍去病才能與之相媲美。

這樣一位生前死後都備受尊重和稱讚的人物，但在《隋唐演義》、《隋唐英雄傳》等通俗文學和當代影視作品中，卻是一個「牛鼻子老道」形象，並不為人們所喜歡，與正史中所記載的李勣大相徑庭。所以，修正民間對李勣的曲解，還原這位中國古代傑出的軍事家、政治家的本來面目十分必要。

▌軍事成就

作為一代傑出的政治家、軍事家，李勣一個重要特點，就是知人善用，舉賢薦能，正是他善於用人，所以，他率軍所到之處，所向披靡，戰無不勝。

李勣一生主要歷經瓦崗寨和唐朝。對大唐王朝，他任勞任怨，幾十年如一日，為大唐江山的建立、穩固、強大，立下了不朽功勳。

33 滅三國非凡戰績，擒三主正直為人

—— 蘇定方・唐

生平簡介

姓　　名　蘇烈。

別　　名　蘇定方。

出 生 地　冀州武邑（今河北省武邑縣）。

生 卒 年　西元五九二至六六七年。

身　　份　大將軍。

主要成就　征西突厥，平定蔥嶺，滅百濟。

名家推介

　　蘇烈（西元 592-667），字定方，後人通稱為蘇定方。漢族，冀州武邑（今屬河北省）人。歷任唐朝左武侯中郎將、左衛中郎將、左驍衛大將軍、左衛大將軍之職，封邢國公。

　　他從一員普通戰將，靠戰功升遷為禁軍高級將領，並為大唐先後滅三國、擒三主的非凡戰績和正直的為人而深受唐太宗和唐高宗的賞識與信任，屢委以重任，是唐初的一員得力幹將。

▎名家故事 ────

　　貞觀初年，蘇定方離開家鄉，效力於大唐。貞觀四年，蘇定方隨李靖出征東突厥，兩軍大戰於磧口，蘇定方驍勇善戰，殲滅突厥數百騎，在此次征服東突厥的戰爭中，蘇定方表現突出，班師後即被提拔為左武侯中郎將，高宗永徽年間又遷為左衛中郎將。

　　顯慶元年，蘇定方隨左衛大將軍程知節征討西突厥賀魯部，蘇定方任前軍總管。此次戰爭，西突厥出動了大批精銳騎兵，唐軍兵至鷹婆川，兩軍展開惡戰，唐軍前鋒蘇海政部受阻，此時蘇定方正率部在山間休整，無意中發現突厥主力就在對面山嶺上，立刻率領五百騎兵突然襲擊，賊眾大敗，追殺二十里，殺死敵兵一千五百多人，突厥人馬遭受突然襲擊，死傷慘重，戰況開始變得對唐軍有利起來。但是由於副大總管王文度的嫉妒和大總管程知節怯敵，致使唐軍沒有乘勝追擊，擴大戰果，而是整日在原地操演，對此蘇定方心如火焚，進言道：「本來討賊，現在我們自我防守，馬餓兵疲，逢賊即敗，怯懦如此，何功可立？」最終唐軍無功而還，大總管程知節、副大總管王文度等人皆因膽怯畏戰和參與殺俘謀財被撤職查辦，唯有蘇定方因主戰有功而被提升為行軍大總管。

　　顯慶二年，唐與西突厥的戰爭再一次爆發，擢升為行軍大總管的蘇定方總督唐軍，自金山之北大敗西突厥部落，唐軍攻勢如潮，給各部突厥以極大壓力，逼使其中一部共萬餘人來歸順。蘇定方一面安撫降眾，一面繼續揮軍深入。突厥首領賀魯率十萬人馬來抗拒唐軍，而此時蘇定方手下僅有一萬餘人，當時情形十分險惡，面對這以一比十的形勢，蘇定方臨陣不亂，沉著指揮，他命令步兵列陣據守中央開闊地，集中所有長兵器向外對敵，他親率精銳騎兵，排陣於北面高坡，

突厥大軍先衝擊唐步兵陣，三次都沒有衝擊成功，蘇定方乘機出擊，敵兵紛紛潰逃，追殺了三十里，殺數萬人馬。在這次戰鬥中，蘇定方發揮了高超的戰術指揮水準，扭轉了局面，使唐軍從氣勢壓倒了對方。第二天，蘇定方未給敵人以喘氣的機會，率唐軍又發動攻勢，逼使賀魯手下眾將紛紛來降，唯獨賀魯帶親兵數百騎逃脫。唐軍乘勝追擊，所過之處蕃邦部落莫不歸附，追至伊麗河，又與賀魯殘部發生激戰，賀魯殘軍幾乎遭到全殲。但是賀魯卻再一次逃脫，於是蘇定方派遣副將蕭嗣業追捕，一直追到石國一帶，並把他生擒而還。

這次擊敗西突厥，蘇定方立下了赫赫戰功，受到了唐高宗的賞識，為此在京都長安舉行了盛大的儀式慶祝唐軍的勝利，他因功升遷為左驍衛大將軍，封邢國公。

不久，蔥嶺三國再次叛亂，叛軍首領多曼自恃兵勇城堅，以馬頭川為據點，不斷侵擾大唐。蘇定方受詔為安撫大使，率兵討伐。這一次作戰，蘇定方改變戰術，選精卒一萬人，戰馬三千，一日一夜行軍三百里，到天明時，唐軍離城只有四十里了，由於唐軍出乎意料地直搗多曼老巢，多曼大驚，率兵抵抗，兩軍交戰，叛軍大敗退守城池，蘇定方指揮軍隊將城門死死堵住。等到晚上，各路唐軍紛紛趕到，四面圍困，並伐木製造攻城器械，遍佈城下。多曼自知不能取勝，只得出城投降。這次由於蘇定方派出快速部隊長途奔襲，直插叛軍心臟，完全打亂了叛軍的計畫，起到了事半功倍的效果，是兵貴神速這一軍事原理得到出色運用的戰例。凱旋回朝時，唐高宗在乾陽殿又一次召見了蘇定方，從此蔥嶺以西平定，蘇定方因功加食邢州鉅鹿三百戶，任左衛大將軍。

顯慶五年，唐高宗坐鎮太原，授任蘇定方為熊津道大總管，率師討百濟（今朝鮮）。大軍至熊津江口時，百濟軍隊早已據江為天險，

與唐軍對峙。此年蘇定方已六十九歲,但仍身先士卒,親臨第一線指揮作戰,他率決死隊強渡大江,靠山佈陣,與百濟軍隊激戰,為大批唐軍登陸爭取時間,百濟人抵擋不住,死傷數千人而潰敗。蘇定方指揮若定,唐軍在蘇定方的調遣之下勢如破竹,離敵都城二十里時,百濟大批軍隊前來抵抗,唐軍殺死俘虜萬餘人,逼使百濟王義慈及太子棄城而逃。唐軍繼續進軍,圍困百濟皇城。此時由於城內百濟王之次子泰自立為王,引起皇室內訌,百濟王嫡孫文思率領本部向唐軍投降,唐軍趁勢加緊攻城,迫使泰開門投降,隨後百濟大將稱植又押百濟王義慈來降,接著太子隆又率各城守將來降,於是百濟平定。

蘇定方前後滅三國,都生擒主帥。作為一員戰將,蘇定方與歷代將領一樣,為朝廷東征西戰,征戰一生,但他所創建的戰功卻是少見的。

蘇定方卒於乾封二年,時年七十六歲,高宗聞訊特別傷心,下詔追贈幽州都督之職,諡號「莊」,功拜左驍衛大將軍、刑國公。

專家品析

唐初漢族民力尚未從多年戰亂中恢復,落後野蠻的北方少數民族,以突厥為代表,經常成群結隊南下掠奪財富,虜獲漢族人口做奴隸。唐為了邊境安定,對外採取征討與安撫並重,軟硬兼施的政策。

在對外征伐中,蘇定方表現極其出色。唐對外發動的戰爭,保護了唐民利益,討伐了不義的少數民族強盜政權,為中原的穩定繁榮奠定了基礎,還向野蠻落後地區傳播了先進的文明理念,加速了民族融合的步伐,對今天中國版圖的形成作出了貢獻。蘇定方,也作為唐朝

強盛時期的優秀人物代表，成為漢民族反擊侵略、開拓進取精神的象徵。

▌軍事成就 ───────

蘇定方一生主要功績有：兩征突厥、平定蔥嶺之亂以及東征百濟。蘇定方與歷代將領一樣，為朝廷東征西戰。蘇定方征戰一生，所得賞賜無數，但他為人正直，不義之財分文不取。

34 儒將英雄縱沙場，名臣名將於一身

——裴行儉·唐

生平簡介

姓　　名	裴行儉。	
出 生 地	絳州聞喜（今山西聞喜東北）。	
生 卒 年	西元六一九至六八二年。	
身　　份	軍事家。	
主要成就	兵不血刃地搞定叛唐的二蕃。	

名家推介

　　裴行儉（西元619-682），漢族，絳州聞喜（今山西聞喜東北）人。大唐名將，軍事家，蘇定方的徒弟。

　　六七〇年，大唐討伐吐蕃，裴行儉孤軍深入，兵不血刃，不經大戰就搞定一切。後率兵征討東突厥，在軍糧被劫的情況下巧用中國版本的「特洛伊木馬計」大敗突厥，使突厥人再也不敢劫唐軍的糧道。他在指揮作戰中充分發揮了兵法上所說的「先謀後戰」、「慎戰」、「善於用間」等精華。裴行儉曾撰寫兵書《選譜》十卷，未能流傳下來，甚為可惜。

▌名家故事 ────────

上元三年，吐蕃背叛了與唐的盟約，西部烽煙頓起。與裴行儉齊名的吏部名臣李敬玄率軍在青海戰役中慘敗於吐蕃，裴行儉於緊急危難之中受命離京出任洮州道左二軍總管，後又改任秦州右軍總管，這是他第一次正式擔當武將帶兵上陣。

次年，原屬西突厥族裔的十姓可汗阿史那都支與突厥別部首領李遮匐鼓動誘惑西部各民族部落反唐，震動安西，並且與吐蕃聯合。高宗想派兵討伐，又怕吐蕃乘機進襲。裴行儉上書獻計說：「現在吐蕃叛亂氣焰正盛，而我方李敬玄戰敗，目前怎麼能夠再在西方發動大規模的戰役。如今正好波斯王死了，王子泥涅師正在長安，不如派遣使節送他回國繼位，正好路過阿史那都支和李遮匐的地盤。如能見機行事，不需要勞師動眾就能夠取得成功。」於是高宗採納了他的建議，下詔任命裴行儉為安撫大使，送波斯王子回國。

裴行儉奉詔帶唐軍送波斯王子回封國，路過他曾經生活戰鬥過十幾年的西州，各民族部落的百姓聞訊都到郊外熱烈歡迎他，裴行儉從他們中召集了豪傑青年千餘人跟著他，並到處對人宣揚：天氣太熱，不能再走了，不如等到秋涼了再上路。阿史那都支派出的密探把這個消息告訴了他，他見唐軍數量不多而且又嬌貴矜持，不像戰鬥部隊的樣子，於是放鬆了戒備。

裴行儉又不動聲色地召來安西四鎮的各部酋長，約他們一起打獵。他借機暗中編整訓練好部隊，秘密出發，幾天之內到達離阿史那都支只有十餘里的地方停留，並派使者前去致以親切的問候，說大唐使節裴行儉路過此地。阿史那都支原來與李遮匐商量好到秋天合兵抗拒唐朝使者，一看這個陣仗，兩萬多人的打獵大隊已進到了家門口，

倉卒不知如何是好，只好帶著僥倖心理率子弟五百餘人到唐營拜見，結果可想而知，一網就擒。當天，裴行儉就用阿史那都支的令箭，召集他轄屬各部酋長前來聚會，並全部抓獲送到碎葉城。

接著，裴行儉馬不停蹄，簡選精騎，盡量少帶裝備，迅速襲擊李遮匐。恰好在路上抓住了李遮匐的使者，並放他回去告訴李遮匐阿史那都支已經被捉的消息。李遮匐勢單力孤，見勢不妙，只好投降。

高宗完全沒有想到事情會這樣順利，消息傳來，喜出望外，裴行儉回京之後，親自為他舉辦慰勞慶功宴，於是官拜禮部尚書兼檢校右衛大將軍。

西元六七九年，北方蒙古草原的突厥部族的阿史德溫傅反叛，擁立阿史那泥熟匐為可汗，並鼓動轄屬二十四州一起響應，叛軍多達數十萬。緊急關頭，裴行儉再度出任定襄道行軍大總管北上奔赴前線，率兵十八萬，與當地兵馬合兵共三十餘萬，旌旗千里，刀槍如林，浩浩蕩蕩，其盛況為唐軍出師所罕見。

西元六八〇年，叛軍主力駐黎黑山與唐軍決戰，裴行儉指揮唐軍展開了大規模的陣地戰，屢戰屢勝。叛軍無可奈何，產生內訌，其部下殺死偽可汗泥熟匐來投降，大首領也被唐軍生擒，其餘黨羽逃向狼山。

裴行儉班師後不久，突厥貴族阿史那伏念收羅叛亂餘黨又偽稱可汗，與阿史那溫傅聯合繼續頑抗。第二年，裴行儉再度總攬諸軍，他施展反間計，派間諜去挑撥伏念和溫傅的關係，使兩人失和，互相猜忌。

數日後，漫天煙塵滾滾自北而南，唐軍的偵察兵大為緊張跑來報信，以為敵軍進襲。裴行儉從容地對眾將說：「這不過是伏念抓住了溫傅前來投降，別擔心。不過受降如受敵，還是要做好準備。」於是

唐軍擺出嚴整的陣容，派使節前往問訊，果然如此。就這樣，突厥叛亂餘黨全部平息。在說降伏念的時候，裴行儉答應保伏念不死，但卻沒料到遭到了背後一刀。他的同族侍中裴炎非常妒忌他功勳顯赫，向朝廷讒言說：「伏念是程務挺、張虔勗打敗的，後面又有回紇軍隊逼圍，是沒有辦法才投降的」，最後鼓動朝廷下令將伏念和溫傳同時處決，而裴行儉的大功也在他掀起的口舌之爭中被掩蓋省略了。雖然事後裴行儉還是被封為聞喜縣公，但他卻因為自己不得已的言而無信而深感恥辱，於是從此稱病不出。

永淳元年，十姓突厥中的阿史那車薄部落叛亂，朝廷又想起了病休在家的裴行儉，任他為金牙道大總管，但大軍還沒有來得及出發，一代能臣名將裴行儉就因病辭世，終年六十四歲，追贈幽州都督，諡號為「獻」。

▍專家品析 ─────

裴行儉的軍事行動都是大手筆，需要的是包括軍事素質在內的全面的素質。首先，裴行儉善於審時度勢；其次，裴行儉膽色過人。兵不血刃地搞定叛唐的二蕃的過程看似輕鬆，其實是有很大風險的，畢竟是深入西突厥境內，但是，裴行儉還是非常出色地掩飾了軍事意圖，步步為營，迷惑了對手。

同時，裴行儉善於洞察對手。當大軍逼近阿史那都支時，裴行儉卻派人召喚阿史那都支，抓住阿史那都支後，又派人告知李遮匐，二者的反應都在裴行儉的意料之中。之後，裴行儉用反間計擺平叛亂的東突厥，也是如此。

▌軍事成就 ────────

　　裴行儉軍事生涯的輝煌是以護送波斯王為名兵不血刃地搞定叛唐的西突厥二蕃、率領三十萬大軍擺平叛亂的東突厥。他巧用中國版本的「特洛伊木馬計」大敗突厥，使突厥人再也不敢劫唐軍的糧道了。他在指揮作戰中充分發揮了兵法上所說的「先謀後戰」、「慎戰」、「善於用間」等精華。

35 馳騁沙場四十載，
白袍一世成威名

—— 薛仁貴·唐

生平簡介

姓　　名　薛仁貴。

別　　名　薛禮。

出 生 地　山西絳州龍門。

生 卒 年　西元六一四至六八三年。

身　　份　軍事家。

主要成就　討平契丹、剿滅鐵勒、降伏
高句麗、大破突厥。

名家推介

　　薛仁貴（西元 614-683），名禮，山西絳州龍門人。唐朝名將，著名軍事家、政治家。

　　他戎馬輝煌的一生，三箭定天山，**擒賊先擒王**，三支箭擺平十三萬敵軍；新城救援戰，天降神兵；金山之戰，擊潰乘勝而來的十多萬敵軍，殺敵五萬；扶餘川阻擊遭遇戰，僅二千人對數萬敵人，斬殺萬餘，高句麗四十多座城市聞薛禮之名直接投降。六十九歲帶兵出征的雁門關，大勝突厥十萬大軍。

名家故事 ────────

西元六六二年二月，回紇鐵勒突厥九部落得知唐軍將至，便聚兵十餘萬人，憑藉天山有利地形，阻擊唐軍．西元六六二年三月初一，唐軍與鐵勒交戰於天山，鐵勒派十餘員大將前來挑戰，薛仁貴連發三箭，敵人三員將領墜馬而亡，敵大軍見狀立即混亂，薛仁貴指揮大軍趁勢掩殺，敵人十三萬大軍不戰全部下跪投降。

西元六六七年十月，薛仁貴主力三千人及後軍於高句麗主力部隊二十萬會戰於金山。面對敵人數十萬的士兵陣勢，薛仁貴親自指揮所帶領三千騎兵像切蛋糕一樣把敵人二十萬的陣勢給輕鬆切開，奮力衝殺，後大軍跟上，斬殺敵人首級五萬餘人，傷者不在其內。唐軍乘勝攻佔南蘇、木底、蒼岩三城，贏得了金山之戰的勝利。高宗皇帝親筆寫詔書慰勞薛仁貴。金山之戰是唐初年的罕見的大規模遭遇戰，是滅高句麗四大戰役最關鍵的一次戰役，基本消滅高句麗精銳部隊，為徹底勝利奠定基礎，此戰由薛仁貴親自指揮，攻不可沒。戰後，李勣認為前方的扶餘川中應該沒敵人主力了，於是帶兵繞海邊走敵人佈防空虛之地前往平壤。

西元六六七年十一月，薛仁貴僅帶二千玄甲騎兵正面前進，發兵扶餘城，有的將領大力反對，認為兵力實在太少了，搞砸了不好收場。但是薛仁貴說：「兵不在多，在主將善用。」兵貴神速，接著一場人類戰爭奇跡又出現了。李勣判斷失誤，其實扶餘城還有十幾萬敵軍，當金山之戰失敗後，敵人派出這十萬人準備快速進攻新城，奪回主動權，這時候要沒薛仁貴，後果可想而知。當敵人行軍的時候根本無法想像唐軍居然會那麼快就打過來。時逢冬天，東北大地，白雪藹藹，薛仁貴二千玄甲騎兵全部白衣銀甲，當他們發現敵人的時候，薛

仁貴當機立斷，利用騎兵平原優勢，衝殺敵人。於是在白色的雪域平原上，正在行軍的高句麗兵看見一大團白色飛衝而來，還以為是雪崩。薛仁貴指揮殺敵，用了七個時辰斬殺敵人二萬餘人，剩餘七萬餘人逃回扶餘城。薛仁貴率領二千人繼續前進，後大部隊跟到。西元六六八年二月二十日，花了三個月的時間，以薛仁貴為主的部隊攻佔堅固的扶餘城，之後扶餘川中四十多座城市望風而降。

之後，唐高宗命薛仁貴率兵留守平壤，並授薛仁貴為右威衛大將軍，封平陽郡公，兼安東都護。薛仁貴受命後，駐守平壤新城。他任安東都護期間，做為地方長官，表現出了傑出的政治才能，立即投身於恢復和平，恢復生產，醫治戰爭創傷的工作中，撫養孤兒、贍養老人、治理盜賊、提拔任用高麗的人才、表彰獎勵品德高尚、行為優異的百姓，一時間高麗人都非常喜悅，忘記了亡國之痛。

進軍西域，薛仁貴已經六十歲了，薛仁貴奉命西行，軍至大非川，即將進入烏海，薛仁貴命令手下郭待封帶二萬人留守，薛仁貴又囑咐他千萬不可輕舉妄動，可是郭待封根本就瞧不起農民出身的薛仁貴，完全違反他的命令。

薛仁貴安排好後，率部前往烏海，兵到河口，遭遇吐蕃守軍數萬人攔截，薛仁貴率軍一陣衝殺，斬獲殆盡。薛仁貴收其牛羊萬餘頭，旗開得勝，占得先機，繼續向西，直逼烏海城，讓郭待封把糧草輜重送來，可是他慢慢悠悠，本來兩三天的路程，他走了半個月還不到，薛仁貴每天都派十幾個人去催，最後被吐蕃軍所包圍住，糧草輜重盡失，郭待封直接帶著自己的兩萬部隊逃至大後方，憑險據守，根本不管自己的主帥。之後因為糧草問題薛仁貴只能放棄已經佔領的城市，退回大非川，最後吐蕃糾集四十萬大軍，薛仁貴用自己僅有的三萬部隊與吐蕃四十萬大軍作戰，讓人敬佩的是，就是這樣的差距，最後居

然使吐蕃遭受巨大損失，雖然唐軍一方也損失嚴重，但是讓吐蕃被迫同意議和罷兵，薛仁貴撤退。

六八二年冬，六十九歲高齡的薛仁貴帶病冒雪率軍進擊，領兵去雲州，就是今天的大同一帶，和突厥的阿史德元珍作戰。突厥人問道：「唐朝的將軍是誰？」唐兵說：「薛仁貴。」突厥人不信，說：「我們聽說薛仁貴將軍發配到象州，已經死了，怎麼還能活過來？別騙人了！」薛仁貴於是脫下頭盔，讓突厥人看。因為薛仁貴威名太大了，以前曾經打敗過九姓突厥，殺過許多人，突厥人提起他都怕，現在看見了活的薛仁貴，立即下馬跪拜，把部隊撤回去。薛仁貴來了就是打仗的，哪裏會因為受了幾拜就客氣，立即率兵追擊，打了一個大勝仗，斬首一萬多，俘虜三萬多，還繳獲了許多牛馬。這是第二次有十萬敵軍向薛仁貴下跪投降。

西元六八三年三月二十四日，薛仁貴因病於雁門關去世，享年七十歲。唐高宗追贈他為左驍衛大將軍、幽州都督，薛帥傳奇的一生結束了。

▌專家品析 ────

薛仁貴早年是憑藉自己的勇猛而成名，後來的指揮作戰也是非常神奇的，可以說是個優秀的軍事家。在朝鮮作為地方父母官，大力發展生產，整頓民生，能使亡國者感恩，說明薛仁貴的政治才能也是很突出的。

薛仁貴一生作戰上百次，僅敗一次，其餘全部勝利，一生沒有犯過一次軍事指揮上的戰略錯誤，而且撰寫的《周易新本古意》為世界

上第一部辯證法理論的軍事著作，可見其軍事才能的出色。

薛仁貴是中國歷史上唯一一位兩次接受敵人十萬人以上下馬跪拜投降的將軍。他打敗外族的侵略，是我國的民族英雄，是中華民族不該忘記的戰神。

▌軍事成就 ─────

薛仁貴創造了「良策息干戈」、「三箭定天山」、「神勇收遼東」、「脫帽退萬敵」等諸方面在軍事、政治上的赫赫功勳。一生主要功績有：征討高句麗、討平契丹、剿滅鐵勒、降伏高句麗、征討吐蕃、大破突厥。

36 權傾天下朝不忌，
蓋世之功主不疑

—— 郭子儀‧唐

▌生平簡介

姓　　名　郭子儀。

別　　名　郭令公。

出 生 地　華州鄭縣（今陝西華縣）。

生 卒 年　西元六九一至七八一年。

身　　份　軍事家。

主要成就　平定安史之亂、大敗吐蕃。

▌名家推介

　　郭子儀（西元 691-781），中唐名將，漢族，華州鄭縣（今陝西華縣）人。

　　他安史之亂時任朔方節度使，在河北打敗史思明。收復洛陽、長安兩京，功居平亂之首，晉升中書令，封汾陽郡王。代宗時，叛將僕固懷恩勾引吐蕃、回紇進犯關中地區，郭子儀正確地採取了結盟回紇，打擊吐蕃的策略，保衛了大唐的安定。郭子儀戎馬一生，屢建奇功，以八十四歲的高齡才告別沙場。天下因有他而獲得安寧達二十多年，他「權傾天下而朝不忌，功蓋一代而主不疑」，舉國上下享有崇高的威望和聲譽。

▌名家故事 ————

天寶十四年十一月初九，安祿山以「奉密旨討楊國忠」為名，召集了諸蕃兵馬十五萬人，號稱二十萬，日夜兼程，以每天六十里的速度長驅南下殺入中原。「安史之亂」正式拉開帷幕。

自「貞觀之治」以來，唐朝各地多年未發生戰爭，軍隊戰鬥力銳減，軍備空虛。因此，當叛軍打來的時候，黃河以北二十四郡的文官武將，有的開城迎敵，有的棄城逃跑，有的被叛軍擒殺。安史叛軍長驅南下，勢如破竹，一路上幾乎沒有遇到什麼抵抗。叛軍每到一個地方，燒殺擄掠，姦淫婦女，強抽壯丁，殘害百姓，無惡不作，使得淪陷區廣大百姓家破人亡，流離失所。長期沉溺於遊樂宴飲的唐玄宗由於對這場叛亂毫無應變的準備，事到臨頭，倉促應戰。他急派封常清、高仙芝去東京洛陽募兵抵抗，但洛陽很快陷落，玄宗在盛怒之下，處斬了封、高二將。

在這緊急關頭，唐玄宗提拔郭子儀為衛尉卿，兼靈武郡太守，朔方節度右兵馬使郭子儀被升任為朔方節度使，奉命率兵東討叛軍。郭子儀立即親赴校場，檢閱三軍，誓師出征。西元七五六年四月，朔方軍旗開得勝，一舉收復重鎮雲中，大敗叛軍薛忠義。接著郭子儀又派大將公孫瓊岩率騎兵攻擊馬邑，大獲全勝。馬邑的收復使東陘關得以重開，從而打通了朔方軍與太原軍的聯繫，使安祿山下太原，入永濟，夾攻關中的軍事行動無法實現，從而贏得了戰略上的主動權。捷報傳到京城長安，人心稍安，郭子儀因功任御史大夫。朝廷命郭子儀回到朔方，補充兵員，從正面戰場反擊叛軍，以圖收復洛陽。郭子儀則認為，必須奪取河北各郡，切斷洛陽與安祿山老窩范陽之間的聯繫，斷絕他們後方供給線，才能有效地打擊叛軍前線的有生力量。

經郭子儀的推薦，朝廷任命李光弼為河東節度使，李光弼由太原出井陘口，一連收復七座縣城，史思明聞訊，率五萬大軍從西包圍李光弼於常山，雙方展開激戰持續四十多天。李光弼消耗很大，寡不敵眾，被迫困守，只得派人向郭子儀求援。郭子儀急率軍東進，火速馳援常山，與李光弼會合，以十萬官軍和史思明會戰於九門城南，大獲全勝。史思明新敗後，又收整了五萬叛軍，退守博陵。郭子儀將計就計，親選五百精銳騎兵，交相掩護，牽著史思明的叛軍疾速北進，史思明不知是計，一連追了三天三夜，追到唐縣時，才發現前面只有五百騎兵，方知上當，然而已經人困馬乏。郭子儀乘其疲憊不堪之機，返軍掩殺，大敗史思明於沙河。

安祿山忽聞敗報，心驚膽戰。急忙從洛陽抽調兩萬兵馬北上增援，會合五萬叛軍準備捲土重來。郭子儀採取擾敵戰術，使叛軍整日提心弔膽，不得安寧。當叛軍被拖到相當疲勞的程度時，在嘉山擺開戰場，布好戰陣，史思明等叛將也列陣來到，郭子儀指揮得當，唐軍奮勇無畏，銳不可當。叛軍士氣低落，陣勢混亂，四處潰逃。史思明見敗局已定，嚇得慌不擇路，墜下戰馬，丟了頭盔，連靴子都跑掉了，光著兩腳，拄著一條斷槍，逃回博陵。叛軍被斬殺四萬多人，被生擒五千餘人，損失戰馬五千餘匹。郭子儀指揮官軍乘勝前進，進圍博陵，聲威大振，嘉山一戰，對軍心民心產生極大的影響。河北十多郡，自發集結武裝，支援和回應官軍，地方軍民紛紛誅殺叛兵叛將，歸迎唐朝。

郭子儀在河北的輝煌戰績，扭轉了唐軍倉卒應戰的被動局面，改變了整個戰爭形勢。這時郭子儀提出了堅守潼關，揮軍北上，直搗范陽的方略。如果朝廷採納這個方略，平定安史之亂指日可待。但是，唐玄宗卻聽不進郭子儀的正確意見，而對楊國忠卻言聽計從。結果造

成潼關失守，叛軍從困境中得以解脫，使戰局急劇惡化。潼關失守使西北長安門戶洞開，長安不保，唐玄宗聽信了楊國忠的建議，向四川逃跑。

唐肅宗繼位後，便圖謀收復兩京，詔令郭子儀班師。八月，郭子儀與李光弼率領步兵騎兵五萬人從河北來到靈武。西元七五七年，安史內訌，安祿山被帳下李豬兒殺死。朝廷想要大舉進攻，詔令郭子儀率軍直趨京師。郭子儀收復了都城長安後，又奉命率軍乘勝東進，攻打洛陽。洛陽守將安慶緒聽說唐軍前來攻城，慌忙派大將莊嚴、張通儒帶領十五萬大軍前去迎戰。叛軍在新店與唐軍相遇。新店地勢險要，叛軍依山紮營，居高臨下，形勢對唐軍非常不利。

郭子儀趁叛軍立足未穩之機，選派兩千名英勇善戰的騎兵，向敵營衝殺過去，又派了一千名弓箭手埋伏山下，再令協助作戰的回紇軍從背後登山偷襲，自己則親率主力與叛軍正面交戰。戰鬥打響之後，郭子儀佯裝敗退，叛軍傾巢出動，從山上追趕下來，突然殺聲如雷，唐軍埋伏的弓箭手像神兵一般從天而降，萬箭齊發，無數的箭簇像雨點一樣射向敵群。郭子儀又殺了個回馬槍，在唐軍和回紇軍的夾擊之下，叛軍被打得一敗塗地，官軍一舉收復洛陽。

郭子儀因功封為代國公。西元七六三年正月，史思明看到眾叛親離，走投無路，上弔自殺。至此延續了七年零三個月的安史之亂才算完全平定。

▎專家品析 ─────

郭子儀戎馬一生，屢建奇功，但他從不居功自傲，忠勇愛國，寬

厚待人，因此在朝中有極高的威望。郭子儀功德越高，人們越尊重他。吐蕃、回紇稱他為神人，郭子儀處處做士兵的榜樣，領兵打仗從不侵犯百姓的利益。他權傾天下而皇帝不猜忌，功高蓋世而主人不懷疑，這在伴君如伴虎的封建社會裏實屬不易，唐德宗尊他為「尚父」。他既富貴而且長壽，後代繁衍安泰。

▍軍事成就 ────────

身為一代名將，四朝元老，郭子儀傑出的軍事才能和赫赫戰功，對中唐以後的軍事史產生了深遠的影響。他戎馬征戰，為平定安史之亂、恢復唐朝中央政權、安定社會、穩定邊境、交好少數民族做出了巨大的貢獻。

37 河東節度軍副使，天下兵馬副元帥

—— 李光弼·唐

生平簡介

姓　　名　李光弼。
出 生 地　營州柳城（今遼寧省朝陽）。
生 卒 年　西元七〇八至七六四年。
身　　份　河東節度副使、天下兵馬副
　　　　　元帥。
主要成就　太原之戰，以少勝多，以弱
　　　　　制強。

名家推介

　　李光弼（西元 708-764），唐代營州柳城（今遼寧省朝陽）人，契
丹族。李光弼於唐天寶十五年初，經郭子儀推薦為河東節度副使，乾
元二年七月，任天下兵馬副元帥。

　　他是中國唐代將領，曾平定安史之亂，是世界戰爭史上最善於防
禦的統帥。他指揮的太原之戰，是古代城邑保衛戰中以少勝多、以弱
制強的一個典型戰例，在中國戰爭史上佔有重要地位。

▋名家故事 ————————

　　天寶十四年，安祿山造反時，李光弼在朔方節度使郭子儀帳下任左兵馬使，隨郭子儀東征。至德元年七月，唐肅宗在靈武繼位，任命李光弼為戶部尚書留守山西，李光弼隨即率新兵五千人到了太原。

　　次年正月，史思明糾集十萬人馬準備進攻太原。此時李光弼手下只有未經訓練的新兵不足萬人，諸將建議加固城牆，李光弼認為，太原城周有四十里，修城牆已來不及了。他命令在城牆外挖深溝，將挖出的土打成土坯備用。叛軍圍城後不斷進攻，城牆壞了，李光弼就讓用土坯修補，隨壞隨補。史思明又採用聲東擊西的戰法，但由於守軍軍紀嚴明，無空子可鑽，史思明攻了一個多月仍然攻不下。李光弼為了守城，鼓勵將士獻計獻策。他發現有三人善於挖地道，便讓他們帶領大家向城外挖地道，當城外叛軍士兵罵陣時，就突然從地道中將他們拽進地道內，搞得叛軍走路時常常看自己的腳。叛軍一開始進攻時，紮營離城牆很近，李光弼就用大炮拋巨石打擊叛軍，迫使他們退至數十步外。李光弼又將地道挖至叛軍大營底下，用木頭支撐，不使它塌陷，然後派人向叛軍提出假投降，到時候，李光弼率軍站在城牆上，派一名部將率數千人出城假投降，叛軍毫無防備，都在營內外看熱鬧，李光弼命令突然抽掉地道內的支撐木，叛軍營地突陷，唐軍乘勢掩殺，俘斬萬餘。

　　不久，安慶緒殺死安祿山，命令史思明回守范陽，留蔡希德等繼續圍攻太原。第二年二月，李光弼率敢死隊出擊，一下殲滅叛軍七萬人，蔡希德扔下軍械輜重，帶領殘兵敗將倉皇而逃。

　　乾元元年，李光弼和郭子儀等九節度使圍攻鄴城，由於指揮不統一而失敗。李光弼兵返回太原未受損失。戰後唐肅宗聽信宦官魚朝恩

的讒言，罷了郭子儀的官，任李光弼為朔方節度使、兵馬副元帥，率兵兩萬據守洛陽。鄴城大戰後，史思明殺安慶緒，自稱大燕皇帝，並於乾元二年九月南下，過黃河進攻河南各州郡，李光弼認為洛陽城太難守，便移軍到洛陽以北黃河北岸的河陽，史思明占洛陽後怕李光弼攻擊他的側後，又退至洛陽東面的白馬寺，和李光弼隔河對峙。

史思明有良馬千餘匹，每天趕到黃河裏洗澡。李光弼找來五百匹母馬，將馬駒留在城裏，然後命令士兵趕著這些母馬到黃河邊，母馬見不著馬駒，長嘶不已，南岸史思明的馬都是公馬，聽到母馬嘶鳴，都跑到黃河北岸，於是一一被唐軍所獲。

一日晨，叛將周摯率大軍進攻河陽北城，李光弼登城觀察後對諸將說：「賊眾雖多，但陣形紊亂，很快就可破賊。」隨後分派了任務並規定諸將要按照令旗的動作行動，旗緩，可以機動行事；如果急速揮舞軍旗三次，就要立即拼死衝鋒。交戰不久，李光弼見叛軍氣勢稍微鬆懈，立即舞旗三下，諸將同時喊著殺聲衝鋒，叛軍抵擋不住，紛紛潰敗。叛軍被俘斬一千五百餘人，另有一千餘人被掉進了護城河淹死，以後李光弼在同叛軍交戰中又屢屢獲勝。李光弼在河陽牽制了叛軍主力，使其不敢西進，從而保證了長安的安全。

上元元年十一月，李光弼乘勝收復懷州。第二年，唐肅宗輕信魚朝恩的話，催促李光弼進攻洛陽。李光弼奏稱：「賊鋒尚銳，末可輕進。」肅宗不聽。李光弼被迫攻打洛陽，在洛陽北面的邙山唐軍大敗，河陽、懷州均已失陷，李光弼只好退保聞喜一帶。至此，在河陽黃河兩岸的相持局面不復存在，長安已岌岌可危。邙山戰敗後，李光弼請求處分，肅宗未加罪責，命他以太尉兼河南副元帥，都統河南等五道行營節度使，鎮守臨淮。

寶應元年，史思明已被其子史朝義所殺，史朝義領兵進軍河南，

圍困宋州。諸將認為寡不敵眾建議李光弼退保揚州。他說：「朝廷倚仗我，我再退縮，朝廷還有什麼希望？」於是進駐徐州，向史朝義進攻，並解了宋州之圍。他因功進封臨淮王。當時浙東袁晁起義，光弼遣軍鎮壓。

唐代宗繼位後，信任宦官程元振、魚朝恩，兩人猜忌李光弼，屢次在皇帝面前中傷李光弼。李光弼心懷疑懼，從此自己鎮守臨淮，兩、三年間不敢入朝。他歷來治軍嚴肅，發佈命令時，諸將不敢仰視。這期間朝廷屢次徵召李光弼，他都推辭不到京城，諸將因此不聽指揮，光弼羞愧成疾，並招致朝廷猜疑，廣德二年於徐州抑鬱而死。

▌專家品析 ─────

李光弼戎馬一生，戰功卓著，為平定安史之亂作出了重要貢獻，與郭子儀齊名，史稱「李郭」。

李光弼剛毅果斷，用兵靈活，尤以防禦作戰見長。治軍嚴謹，所部屢戰不殆，軍紀嚴明，民眾敬服。他在平定安史之亂的過程中，他智計百出，功勞蓋世，譜寫了一幕又一幕的戰爭傳奇。

李光弼在邙山之戰中，也有過失敗，但失敗的原因並不在於李光弼，唐肅宗重用宦官監軍，對他們言聽計從，在決戰時機尚未成熟時強令決戰，挾私報復，違抗軍令，因而導致了邙山失敗。

▌軍事成就 ─────

李光弼指揮的太原之戰，是古代城邑保衛戰中以少勝多，以弱制

強的一個典型戰例，在中國戰爭史上佔有重要地位。李光弼智謀超群，在作戰中採用頑強堅守與不斷尋機出擊相結合的戰法，靈活運用地道、石炮等守城戰術和技術，出奇制勝，不滿萬人的兵力一舉殲敵十萬餘人。此外，常山之戰、九門之戰、嘉山之戰、河陽之戰等，都是著名的防禦戰，常山之戰、河陽之戰更是令人拍案叫絕的戰役。

38 驍勇冠絕常勝將，
戰無不克從未挫

—— 李存孝・五代

▌生平簡介 ————

姓　　名　李存孝。
別　　名　安敬思。
出 生 地　代州飛狐（今河北淶源）。
生 卒 年　？至八九四年。
身　　份　將軍。
主要成就　驍勇冠絕、常將騎為先鋒、
　　　　　未嘗挫敗。

▌名家推介 ————

　　李存孝（？-894），代州飛狐（今河北淶源）人，本姓安，名敬思。五代時期著名的猛將、軍事家。

　　史書記載「驍勇冠絕，常將騎為先鋒，未嘗挫敗」。他在民間傳說中地位相當於《說唐》中的李元霸，天下無敵。野史中曾說李存孝引領十八騎攻取長安，雖說是誇張之詞，但也能看出李存孝的勇猛。

▌名家故事 ────────

　　李存孝被李克用收為義子後，才改姓名為李存孝，跟隨李克用擔任騎將，每次都跟隨李克用出戰。西元八八九年六月，李克用親率大軍再次攻擊孟方立，誓取邢、洺、磁三州。李克用令李存孝急攻邢州，最後叛軍向李克用投降。隨後李克用駐軍上黨，置酒勞軍，此次攻下三州，李存孝功勞很大。

　　這時朝廷已經冊封京兆尹孫揆為潞州節度使，孫揆是儒生出身，這次征討李克用，朱溫又派了三千汴軍作為護衛，孫揆身穿寬大的衣服，頭頂清涼傘，在隊伍的簇擁下行進。

　　八月，孫揆率軍過了晉州、絳州，穿過逾刀黃嶺趕往上黨。李存孝聞訊後，率三百騎兵埋伏在長子以西的山谷，待孫揆軍經過時，突然從側翼襲擊，擒獲孫揆和宦官韓歸范以及牙兵五百餘人，追擊剩餘的人馬直到刀黃嶺，全部斬殺。李存孝給孫揆和韓歸范戴上刑具，用白色的布帶捆綁起來。

　　同年九月，澤州城下，梁軍對李存孝喊話說：「你常依仗太原李克用的勢力，現在上黨已歸後唐，唐軍已包圍太原，李克用將找不到巢穴躲藏，你還有誰可以依靠而不投降？」李存孝聽後不以為然，率精騎五百人圍繞梁軍營寨大呼道：「我們沙陀人所以找巢穴，是為了用你們的肉來給將士們吃，現在快找個胖的來和我一戰！」梁驍將鄧季筠率軍出戰，李存孝舞槊迎戰，將他生擒。當天晚上汴將李讜敗走，李存孝追擊，斬俘萬餘人，一直追到馬牢關，然後又回頭率軍攻擊潞州，此戰後李克用封李存孝為汾州刺史。

　　十月張濬統領的官軍從陰地關開出，軍隊到達汾州，李克用派遣薛阿檀、李承嗣帶領騎兵三千在洪洞安設營寨，李存孝帶領軍隊五千

在趙城安設營寨。官軍鎮國節度使韓建派出強壯士卒三百人要在夜間去襲擊李存孝的軍營，李存孝事先知道了，便設下埋伏等待韓建人馬的到來，韓建派去的人全部被消滅。而靖難軍和鳳翔軍聽說李存孝來了，懼於李存孝的威名，未經交戰就後撤，李存孝於是率領晉軍乘勝追擊，直達晉州城的西門。張濬帶領軍隊出城交戰，再次打了敗仗，官軍被斬殺的將近三千名。靖難、鳳翔、保大、定難各路軍隊聽到李存孝嚇得如驚弓之鳥，爭搶著渡過黃河往西回奔，張濬只剩下長安禁軍和宣武軍總共一萬人，與韓建一起關閉晉州城門固守，從此不敢再出城。李存孝帶領軍隊先去攻打絳州，十一月，刺史張行恭放棄絳州城逃跑，李存孝再次回兵進攻晉州，圍攻了三天，張濬、韓建從含口逃走，李存孝攻取了晉州、絳州一帶。

晉軍攻打趙王王鎔控制的常山，李存孝任先鋒，接著攻下臨城元氏，王鎔求救於幽州的李匡威，李匡威兵到，晉軍撤走。景福元年正月，王鎔、李匡威合兵十餘萬攻堯山，李克用任命李存信為蕃、漢馬步兵指揮使，協同李存孝一同攻打王、李的部隊，李存孝、李存信二人互相猜疑忌恨，彼此逗留觀望而不前進。李克用只有改派李嗣勳，大敗幽州、鎮州的軍隊，斬殺擒獲三萬人。李存信回到李克用那裏進讒言說：「存孝有二心，常避趙不擊。」李存孝心裏不安。

景福九月，李存孝夜犯李存信軍營，李存信軍大亂。李克用親自率兵前往救助李存信，同時掘溝塹包圍李存孝的部隊，李存孝出兵衝擊，晉軍無法築成溝塹。河東牙將袁奉韜派人對李存孝說：「您所畏懼的只是晉王。晉王待溝塹築成，一定會留兵圍城自己退去，他手下諸將都不是您的對手，築好了溝塹又有什麼用？」李存孝同意，於是任由晉軍築溝塹。溝塹築成後，深溝高壘，無法靠近，李存孝非常被動。

乾寧元年三月，李存孝登上城樓，哭著對城下的李克用說道：「兒蒙王的大恩，位至將相，難道願意捨父子的關係而投仇敵？這都是由於李存信誣陷的緣故。」李克用很感傷，派劉夫人入城慰問。劉夫人帶著李存孝回來，他磕頭請罪道：「兒對晉有功而無過，所以如此，是沒有忘卻大王的恩德。」李克用將他押回太原，用車裂之刑將他處死。其實李克用本不想殺他，希望諸將為他求情，就此順勢免了他的罪，誰知諸將都妒忌他，沒一個為他求情。李克用為此深恨諸將，殺了李存孝後，李克用心裏十分惋惜，十多天不理政事，兵勢也逐漸轉弱，而朱溫的勢力則開始變得越來越強大。

李存孝死後，李克用每次和諸將賭博，談到李存孝都流淚不止。由於李克用軍營中的將領都比不過他，後來同樣是「義兒」的李存信背叛了李克用，但他一勇之夫，不是老謀深算的李克用的對手，結果被李克用稍施小計在幽州捉住，押解回太原後，用五馬分屍的酷刑結束了他短暫的生命。

李存孝墓在山西太原西山風峪溝口的太山腳下，其墓為一石砌墳丘，墳前有小平臺，上面擺放著兩枚石元寶，有石碑一幢，上刻「李存孝之墓」。

▌專家品析 ────

李存孝是晉王李克用麾下的一員驍將，也是李克用眾多的「義兒」中的一個，因排行十三，故稱為「十三太保」。「王不過霸，將不過李」，霸指的是西楚霸王項羽，將指的就是李存孝。

李存孝勇猛果敢，李克用軍營中的將領都比不過他。他經常帶領

騎兵做李克用的先鋒，所向無敵，他身披沉重鐵甲，腰挎弓箭長矛，獨自揮舞鐵槍衝鋒陷陣，成千上萬的人在他面前都喪膽逃退。

軍事成就

　　李存孝武藝天下無雙，勇力絕人。「驍勇冠絕，常將騎為先鋒，未嘗挫敗；從李克用救陳、許，逐黃寇，及遇難上源，每戰無不剋捷」。

39 楊無敵戰死疆場，忠良將後世襃揚

——楊業·北宋

▌生平簡介

姓　　名	楊業。
別　　名	楊繼業、楊令公。
出 生 地	山西太原。
生 卒 年	？至九八六年。
身　　份	北宋名將、軍事家。
主要成就	培養滿門忠烈。

▌名家推介

　　楊業（？-986），本名重貴，又名繼業，山西太原人。北宋名將、軍事家。

　　他堅持抗遼，雁門關抗遼大捷以後，楊業威名遠揚。遼兵一看到「楊」字旗號，就嚇得不敢交鋒。人們給楊業起了個外號，叫做「楊無敵」。他的後代繼承他父親的事業，兒子楊延昭、孫子楊文廣在保衛宋朝邊境的戰爭中都立下大功。他們一家的英勇事蹟受到人們的傳誦和讚美，民間流傳的楊家將故事，就是根據他們的事蹟編撰而成。

▌名家故事 ─────

宋開寶元年，宋太祖趙匡胤攻北漢時，劉繼業以侍衛都虞候，領軍扼守團柏谷抗擊宋軍，宋軍圍攻太原，劉繼業又領兵守城。宋太祖趙匡胤還沒有來得及完成統一大業就死去了，他的弟弟趙匡義繼位做皇帝，這就是宋太宗，宋太宗決心平定北方。

西元九七九年，他帶領大軍，攻打北漢，宋軍把北漢的京城太原團團圍困，猛攻猛打。北漢向遼國求救，遼國派兵前來援助，被宋軍打得大敗。北漢無力抵抗，只好投降。宋太宗平定北漢以後，北漢有個有名的老將，叫劉繼業，也歸附了宋朝。劉繼業就是楊業，就是傳說中的楊老令公。他從小愛好騎馬射箭，學了一身武藝。因為他武藝高強，英勇善戰，人們稱他「楊無敵」。宋太宗對劉繼業相當器重。劉繼業歸宋後，改姓楊氏，單名業，隨即授任環衛官為左領軍衛大將軍；不久，升任鄭州防御使。

西元九八六年，宋太宗派三支大軍攻遼。東路由大將曹彬帶領主力部隊，向幽州前進；中路由田重進率領，攻取河北西北部等地；西路由潘美率領，攻取山西北部各地。楊業就在西路軍中，做潘美的副將。潘美帶領的西路軍，出了雁門關，就向北進攻。楊業和他的部下英勇善戰，很快打下了寰州、朔州、應州和雲州，收復了山西西北部的大片土地。正當西路軍節節勝利的時候，不料東路軍吃了大敗仗。宋太宗因主力部隊失敗，不敢再戰，連忙下令退兵。潘美、楊業很快退回代州。宋朝的大軍一退，應州的宋軍也丟掉城市潰退，遼軍乘勝打進了寰州，一時形勢十分緊張。就在這時候，北宋朝廷下令把寰、朔、應、雲四州的老百姓遷往內地，要潘美、楊業的部隊擔任護送。但這時寰州和應州已經被遼軍佔領，雲州遠在遼軍的背後，朔州也在遼軍的身旁，要遷移那些地方的老百姓，可實在不容易。

　　楊業考慮了一番，提出建議說：「現在敵人很強大，應當暫時避開他們的鋒芒，不能硬打，我們應先假裝打應州，引誘敵人大軍前來迎戰，然後利用這個機會，命令應、朔兩州的守將帶領百姓趕快南遷。這時，我們只要派軍隊在中途接應，這兩州的百姓就可以安全轉移。」這是一個好主意。可是，在潘美軍中做監軍的王侁卻不同意。他說：「我們有幾萬精兵，為什麼這樣膽小？只要走雁門關北面的大路，向朔州前進就是了。」

　　楊業說：「這樣做，一定失敗！」王侁不但不考慮楊業的正確意見，反而諷刺他說：「將軍一向號稱楊無敵，如今看到敵軍，竟逗留不進，難道有其他想法嗎？」對於這樣惡毒的誣衊，楊業氣憤極了。他橫下心來，說：「我並不怕死，只因時機不利，不想讓士兵白白送死。你既然說出這種話來，我領兵前去就是了。」楊業和王侁爭論時，潘美就在旁邊。他明知楊業這次出兵，凶多吉少，可是他一向妒忌楊業的才能，所以一言不發地派楊業去了。

　　楊業出發時對潘美說：「這次出兵，一定不利。我本想等待時機，為國殺敵立功，如今有人責難我畏敵不前，我願意先死在敵人手裏。」他又說：「你們在陳家谷準備好步兵弓箭接應我們，不然軍隊就回不來了。」說完，楊業就帶領人馬，直奔朔州前線。隨同前往的還有他的兒子楊延玉和岳州刺史王貴。

　　遼軍看到楊業前來，就出動大軍，把宋軍團團圍住。楊業父子和他們的部下雖然英勇善戰，畢竟寡不敵眾。他們從正午一直打到黃昏，只剩下一百多人，好不容易突出重圍，且戰且走，退到陳家谷。哪知潘美的軍隊不顧楊業的安危，早已逃跑了。楊業只好帶領部下，再跟遼軍死戰。王貴用箭射死了幾十個敵人，箭完了，又用弓打死了幾個敵人，最後壯烈犧牲，楊延玉和其他將士也在戰爭中殉國。

　　楊業受了十幾處傷，還繼續苦鬥，殺死了幾十個敵兵。他因為傷勢太重，加上戰馬重傷，實在走不動了，就到樹林中去躲一躲，不幸被敵人射倒。他被俘以後，堅貞不屈，絕食而死。楊業有七個兒子，除楊延玉犧牲外，最著名的要數楊延朗，楊延朗後來改名楊延昭，他鎮守邊關二十多年，曾多次打敗遼軍的侵擾。楊延昭的兒子楊文廣，也是一個將軍，曾在西北和河北一帶鎮守邊境。

▋專家品析 ─────────

　　宋太宗後來不僅對楊業進行褒贈，追贈太尉、大同軍節度使。楊業死後，他的子孫繼承他的精忠報國的遺志，堅持抗擊遼國。其中以楊延昭、楊文廣最負盛名。北宋著名文學家歐陽修稱讚楊業、楊延昭「父子皆名將，其智勇號稱無敵，至今天下之士至於裏兒野豎，皆能道之」。

　　宋元的民間藝人把楊家將的故事編成戲曲，搬上舞臺。到了明代，民間又把他們的故事編成《楊家將演義》、《楊家將傳》，用小說評書的形式在社會民間廣泛傳播。

▋軍事成就 ─────────

　　北宋以楊業為代表的楊家將滿門忠烈，為了捍衛國家不顧個人安危捨生忘死的獻身精神是我們宣揚愛國主義的榜樣。楊家將經過千百年的流傳，在中國歷史上久負盛名，他們的英雄業績將伴隨著中華民族的歷史發展永存史冊、光照後人。

40 戰功累累輔大宋，
文人治國後世悲

—— 狄青 · 北宋

▋生平簡介 ——————

姓　　名　狄青。

出 生 地　山西汾陽。

生 卒 年　西元一〇〇八至一〇五七年。

身　　份　軍事家。

主要成就　多年征戰，為維護宋朝穩定
　　　　　立下汗馬功勞。

▋名家推介 ——————

　　狄青（西元 1008-1057），字漢臣，北宋汾州西河人，人稱「面涅
將軍」。

　　他一生驍勇善戰，每戰必披頭散髮、戴銅面具。在四年時間裏他
參加了大小二十五次戰役，身中八箭，但從不畏怯。在一次攻打安遠
的戰鬥中，狄青身負重傷，仍然衝鋒陷陣，在宋夏戰爭中，立下了累
累戰功，聲名顯赫。

▎名家故事 ────────

　　狄青出身貧寒，十六歲時，因為他的哥哥和鄉人鬥毆，狄青代兄受過，後來不得不從軍，開始了他的軍旅生涯。宋仁宗寶元元年，黨項族首領李元昊在西北稱帝，建立夏國。北宋朝廷選擇京師衛士保衛邊境，狄青被推薦就任延州指揮使，當了一名低級軍官。在戰爭中，他驍勇善戰，多次充當先鋒，率領士兵奪關斬將，先後攻克金湯城，宥州等地，燒毀西夏糧草數萬，並指揮士兵在戰略要地橋子谷修城，修築招安、豐林、新寨、大郎等多處城堡。

　　康定元年，經尹洙的推薦，狄青得到了陝西經略使韓琦、范仲淹的賞識。范仲淹送給他《左氏春秋》對他說：「將不知古今，匹夫勇爾。」狄青於是發憤讀書，由於狄青勇猛善戰，屢建奇功，所以升遷很快，幾年之間，歷任泰州刺史、惠州團練使、馬軍副部指揮使等，皇祐四年六月，被推薦任樞密副使。

　　狄青受命於宋王朝的多事之秋，就在這一年，廣西少數民族首領儂智高起兵反宋，自稱仁惠皇帝，招兵買馬，攻城掠地，一直打到廣東。宋朝統治者十分恐慌，幾次派兵征討，都損兵折將大敗而歸。就在舉國騷動，滿朝文武惶然無措之際，僅做了不到三個月樞密副使的狄青，自告奮勇上表請行。宋仁宗十分高興，任命他為宣徽南院使，宣撫荊湖南北路，帶兵處理兩廣的重大軍事事宜，並親自在垂拱殿為狄青設宴餞行。

　　當時，宋軍連吃敗陣，軍心動搖，更有個別將領心懷私利，不以國事為重，竟因害怕狄青搶功而擅自出擊，結果大敗而歸，死傷慘重。狄青受命之後，鑒於歷朝借外兵平叛後患無窮的教訓，首先向皇帝建議停止借交趾兵馬助戰的行動。然後他大刀闊斧整肅軍紀，處死

了不聽號令之人，使軍威大振，接著命令部隊按兵不動，從各地調撥、屯集了大批的糧草。依智高的軍隊看到後，以為宋軍在近期內不會進攻，放鬆了警惕。而狄青卻乘敵不備，突然把軍隊分為先、中、後三軍，自己親率中軍火速出擊，一舉奪得崑崙關，占取了有利地形，接著命令一部分軍隊從正面進攻。他執掌戰旗率領騎兵，分左右兩翼，繞道敵軍背後，前後夾攻，一戰而勝。班師還朝以後，論功行賞，狄青被任命為樞密使，做了最高軍事長官。然而種種禍患也就由此而生。

北宋自開國以來，極力壓低武將地位，把仰文抑武作為基本國策。在依智高縱橫嶺南，滿朝文武驚慌失措，狄青受命於危難，率兵出征之際，朝廷在欣喜之餘，也仍然不忘狄青是武將，不可單獨擔當大任，要以宦官任軍隊監軍監視狄青。朝廷迫於當時形勢緊急作罷，到狄青凱旋還朝作了樞密使時，這種疑忌和不安達到了頂點。臣僚百官紛紛進言，不僅始終反對狄青做官者如王舉正竟以罷官威脅，就連原來屢屢稱頌狄青戰功，稱呼他為良將的龐籍、歐陽修等人也極力反對任命狄青。狄青的品行和武功在當時朝野廣為傳頌，就連力主罷免他的文彥博也稱讚他。歐陽修在嘉祐元年七月上書請求罷免狄青，洋洋數千言，舉不出一條得力罪證，反而稱讚他「青之事藝，實過於人」、「其心不惡」、「為軍士所喜」，任樞密使以來，「未見過失」。那麼罪名是什麼呢？不得不假託虛妄的陰陽五行說，把當年的水災歸罪於他，說：「今年的大水就是老天爺因為狄青任官而顯示的徵兆。」簡直是無中生有羅織罪名。為什麼朝廷如此急於除掉狄青呢？文彥博說得明白，就是因為「朝廷不信任他」。在文彥博請罷狄青時，宋仁宗說：「狄青是忠臣。」嘉祐元年正月，仁宗生了一場病，竟把狄青和皇帝的疾病無中生有的聯繫起來，於是狄青成為朝廷最大的威脅。

在這種猜忌疑慮達到登峰造極的時候，謠言紛起，有人說狄青家的狗頭正長角，有人說狄青的住宅夜有光怪，就連京師發水，狄青避家相國寺，也被認為是要奪取王位的行動。嘉祐元年八月，僅做了四年樞密使的狄青終於被罷官，離開了京師。

狄青到陳州之後，朝廷仍不放心，半個月就派遣使者，名為撫問，實是監視。這時的狄青已被謠言中傷搞得惶惶不安，不到半年，發病鬱鬱而死。這位年僅四十九歲，曾馳騁沙場，浴血奮戰，為宋王朝立下汗馬功勞的一代名將，沒有在兵刃飛矢之中倒下，血染疆場，馬革裹屍，卻死在猜忌排斥的打擊迫害之中。

▌專家品析

宋朝是文人治國，包括高級軍事將領都是書生。從普通士卒到樞密使的狄青是第一人，完全靠的是狄青的勇武拼出來的。狄青不僅戰功累累，長於用兵，並且為人謹慎，人品也是非常好的，武將裏很難得。最終還是受滿朝猜忌最後被貶鬱悶而終。

北宋重文輕武的國策，終自食其果，在後來的民族戰爭中，一直處於被動的地位。到宋神宗登基，想重振國威，但又苦於朝中沒有能征善戰之人，這才又思念起了狄青，他派使者到狄青家祭奠之靈，並將狄青的畫像掛在宮中，但已於事無補，只能是歎息國勢日頹。

▌軍事成就

狄青在宋夏戰爭中立下了赫赫戰功，聲名也隨之大振。後來，狄

青得到了范仲淹的賞識和鼓勵，他發憤讀書，「悉通秦漢以來將帥兵
法，由是益知名」。由於狄青勇猛善戰，屢建奇功，所以升遷很快。

41 民族英雄抗金史，精忠報國大忠臣

—— 岳飛‧南宋

▌生平簡介

姓　　名	岳飛。
字	鵬舉。
出 生 地	相州湯陰縣（今河南安陽湯陰縣）。
身　　份	將軍及湖北、京西路宣撫使。
生 卒 年	西元一一〇三至一一四二年。
主要成就	收復襄陽六郡之戰、洞庭湖之戰、郾城大捷、潁昌府大決戰。

▌名家推介

　　岳飛（西元 1103-1142），字鵬舉，漢族。北宋相州湯陰縣永和鄉孝悌里（今河南省安陽市湯陰縣菜園鎮程崗村）人。中國歷史上著名戰略家、軍事家、民族英雄、抗金名將。

　　岳飛在軍事方面的才能則被譽為宋、遼、金、西夏時期最為傑出的軍事統帥、連結河朔之謀的締造者。同時又是兩宋以來最年輕的建節封侯者。南宋中興四將（岳飛、韓世忠、張俊、劉光世）之首。

▌名家故事 ─────

　　遼天慶四年，女真族在首領完顏阿骨打的領導下，舉兵反遼，並
於次年建立金國。金國立國後，洞知北宋朝政腐敗，軍隊戰鬥力低
下，於天會三年十月，發兵十餘萬，分兩路南下攻宋。

　　九月，攻陷太原後，轉兵進攻北宋國都東京汴梁。金東路軍在完
顏宗望率領下，自保州出師，在井陘擊敗宋軍抵抗後，攻克重鎮真定
府等地。十一月，金東西兩路軍大軍兵臨東京汴梁城下，對汴梁形成
合圍之勢。宋欽宗急遣康王趙構赴金營乞和，許諾以黃河為界，金軍
哪裡可能答應，向東京發起猛攻。閏十一月，東京城破，宋欽宗降
金。第二年四月，金軍擄去徽、欽二帝及後妃、宗室等數千人北撤，
北宋滅亡。

　　金兵雖然南下，攻克汴梁，但河北各州縣卻大半還在宋軍手中，
雖然士氣低沉，但是民氣高漲，康王幾經生死，最後終於到達應天府
繼承帝位，改靖康二年為建炎元年，這就是歷史上的宋高宗。初期宋
高宗主張收復失地，啟用了大批主戰將領，其中就有岳飛。岳飛堅決
反對議和，主張抗戰到底。

　　這以後，宋金之間的戰爭進入南北對峙，先是金兀術北撤路過鎮
江，被韓世忠敗於黃天蕩；金兵另一支軍在攻陝西時，為宋將吳玠阻
於和尚原。

　　在金帥兀術追擊高宗時，岳飛在廣德境內堵截金兵，六戰六勝，
擒金兵頭目，於是，「岳家軍」的名字開始在金兵中流傳，待金兀術
北返，再遭岳飛截擊，在鎮江東清水亭的戰鬥中，致使金兵橫屍十五
里，又大敗金兵於建康，宋高宗因此特為嘉獎岳家軍。

　　在金兀術眼中，南宋實在不堪一擊，但他卻連吃敗仗，宋軍在岳

飛、韓世忠等名將的率領下，接連取得順昌、郾城兩次大戰役的勝利。一月後，兀術捲土重來，不想在郾城遭遇岳飛，岳飛派兒子岳雲衝陣，自己帶領大軍隨後接應，金兀術用拐子馬一萬五千來攻，拐子馬為三馬相聯，身披重鎧，只剩眼睛露出來，就如現時的坦克一般，十分兇猛。岳飛派步兵用麻札刀迎戰，命令他們砍馬足，不許仰視，拐子馬因三馬相聯，一馬被砍倒，三馬便不能行動，金兀術沒料到岳飛使用這種戰術，竟然大敗虧輸，不由痛哭說：「自起兵以來，未嘗有如此之敗也！」

岳飛乘勝向朱仙鎮進軍，距東京汴梁僅四十餘里，金兀術集合了十萬大軍抵擋，又被岳飛打得落花流水。岳飛這次北伐中原，一口氣收復了潁昌、蔡州、陳州、鄭州、河南府、汝州等十餘座州郡，並且消滅了金軍有生力量，金軍全軍軍心動搖，金兀術連夜準備從開封撤逃。南宋抗金鬥爭有了根本的轉機，再向前跨出一步，淪陷十多年的中原大地，就可望收復了。岳飛興奮地對大將們說：「直抵黃龍府，與諸君痛飲爾！」而金軍則發出了「撼山易，撼岳家軍難」的哀歎。

金兀術大敗，急退守汴京，並收拾金銀珠寶，準備北撤。就在岳飛勵兵秣馬，準備一舉收復汴京時，皇帝卻連發十二道金牌將他召回。因為在高宗眼中，宋朝終究是打不過金人的，萬一打不過人家，又像建炎元年那樣，被金人追得東藏西躲，不如休兵言和，而乘勝求和，可以少吃虧。

天命煌煌，一天之內，十二道金牌接踵而至，所謂「十年之功，毀於一旦」，「三十功名塵與土，八千里路雲和月」。

岳飛一回到臨安，立即陷入秦檜、張俊等人佈置的羅網。紹興十一年，他遭誣告「謀反」，被關進了臨安大理寺。監察御史親自刑審、拷打，逼供岳飛。與此同時，宋金之間正加緊策劃第二次和議，

雙方都視抗戰派為眼中釘，金兀朮甚至兇相畢露地寫信給秦檜：「必殺岳飛而後可和」。在內外兩股惡勢力夾擊下，岳飛正氣凜然，光明正大，忠心報國。從他身上，秦檜一夥找不到任何反叛朝廷的證據，韓世忠當面質問秦檜，秦檜支吾其詞「其事莫須有」。韓世忠當場駁斥：「『莫須有』三字，何以服天下？」紹興十一年農曆除夕夜，高宗下令賜岳飛死於臨安大理寺內，時年三十九歲。岳飛部將張憲、兒子岳雲也被腰斬於市門。民族英雄岳飛，就在「莫須有」的罪名下，含冤而死，臨死前，他在供狀上寫下「天日昭昭，天日昭昭」八個大字。

岳飛雖然被殺害了，但他的精忠報國的業績是不可磨滅的。正是他表達了被壓迫民族的要求，堅持崇高的民族氣節，在處境危難的條件下，堅持了抗金的正義鬥爭，並知道愛護人民的抗金力量，聯合抗金軍民一道，保住了南宋半壁河山，使南宋百姓免遭金統治者的蹂躪，從而保住了高度發展的中國封建經濟和文化，並使之得以繼續向前發展，岳飛不愧是我國歷史上一位傑出的民族英雄。

▌專家品析 ────

岳飛提出「武將不怕死，文官不愛錢」，堪稱封建社會官吏的行為典範。他廉潔避功、直言不諱、不縱女色、文采風流、治軍嚴明、戰功卓著。

岳飛作為中國歷史上的一員名將，其精忠報國的精神深受百姓的敬佩。他在出師北伐、壯志未酬的悲憤心情下寫的千古絕唱〈滿江紅〉，至今仍是令人士氣振奮的佳作。他率領的軍隊被稱為「岳家

軍」，人們流傳著「撼山易，撼岳家軍難」的名句，表示對「岳家軍」
的最高讚譽。

▌軍事成就 ────────

　　岳飛生活儉僕、愛護士卒、軍紀嚴明、善於練兵。這在中國古代
軍事史上是較為突出的。岳飛擅長野戰，敢於突破宋代戰略戰術的傳
統藩籬，組織較大規模的進攻，在南宋將領中是出類拔萃的。其主要
戰績有：收復襄陽六郡、偃城大捷，以至連金軍統帥金兀術都發出
「撼山易、撼岳家軍難」這樣的哀歎。

42 金戈鐵馬創功勳，
峥嶸歲月大元魂

—— 張弘範‧元

生平簡介

姓　　名　張弘範。

字　　　仲疇。

出 生 地　河北易州定興。

生 卒 年　西元一二三八至一二八〇年。

身　　份　軍事家。

主要成就　為全國統一做出了貢獻，在
中國歷史上，影響意義深遠。

名家推介

　　張弘範（西元 1238-1280），字仲疇，祖籍河北易州定興人。元朝
著名的軍事家、統帥。

　　他參加過襄樊之戰，後跟隨元帥伯顏滅宋。在他所指揮的所有戰
鬥中最令人稱道的便是「崖山海戰」，在戰鬥中宋軍統帥張世傑憑藉
崖山天險，採取守勢，不敢主動出擊；張弘範封鎖海口，切斷了宋軍
淡水的來源，宋軍被困，將士疲憊不堪。短兵相戰，宋軍全軍覆滅，
宋朝至此滅亡，元朝得以統一全國。

▍名家故事 ──────

元軍攻佔建康後，南宋的京城臨安危在旦夕，宋廷不得不發出勤王的號令。但宋朝軍民響應勤王號召的只有張世傑和文天祥等少數人。同年五月，忽必烈命令駐兵休整，不可輕敵貪進，以免造成失誤。而張弘範則從軍事形勢考慮，認為應當乘破竹之勢，不可貽誤戰機。他和伯顏商討後，伯顏同意他的意見，命令他用當時最快速的交通手段──蒙古驛站的快馬，奔馳到忽必烈的駐地，面陳形勢。忽必烈是個指揮戰爭的行家，當然懂得戰機稍縱即逝，於是收回成命，決定繼續追擊。張弘範返回防地後，激戰就開始了。

七月，張弘範與南宋張世傑、孫虎臣等所率水軍的焦山之戰是場決定性的戰役。這場會戰，南宋全線潰敗，張弘範率軍直追至圍山之東，這是臨安陷落之前元軍伐宋的最後一次大戰役。由於這次戰役的功勞，忽必烈賜張弘範拔都的榮譽稱號。

至元十三年正月，宋廷派遣宗室趙尹甫、趙吉甫攜帶傳國玉璽及降表赴元軍大本營乞和。伯顏看了降表後，派遣張弘範等人帶著伯顏的命令，先入臨安城，責備宋大臣背約失信之罪。張弘範等終於說服了宋廷，取得宋王改稱臣僕，屈辱請降的表文。三月，伯顏兵進臨安，宋恭帝等均被押送至大都。至元十四年元軍凱旋，張弘範也加官進爵，被授予鎮國上將軍的軍階，任命為江東道宣慰使，這時張弘範四十一歲，已經是武職官員中二品大員。

第二年四月，文天祥、張世傑等擁立廣王趙昺為帝，改元祥興。閩、廣一帶不願投降的南宋臣民們，對這個政權總還給予希望。元政府當然不能容忍有一個打著南宋旗號的政權繼續存在，於是決定要把這個流亡政府扼殺在搖籃裏，這個任務又落在張弘範肩上，忽必烈調

撥了二批蒙古軍歸他指揮，並且授予他「蒙古漢軍都元帥」的頭銜。

他這支由蒙漢混合組成的南征軍，水陸共二萬人，分道南下。張弘範確也不負所託，軍鋒所向，沿海的漳、潮、惠、潭、廣、瓊諸州，相繼告捷。張弘範軍與宋丞相文天祥所部在潮州五坡嶺相遇，宋軍寡不敵眾，文天祥被俘。元軍士兵們捆綁著文天祥到了張弘範軍營，用槍、矛等武器百般威脅叫他拜見張弘範，文天祥不為所動，拒不下拜，張弘範被面前這個鐵漢子的正氣所感動，讓左右給文天祥鬆了綁，以客禮相見。

至元十六年正月，張弘範統率的元朝水軍抵達崖山後，當時，張世傑尚擁有戰艦一千艘。他採取了守勢，把艦隻排成一字陣，聯結在一起，企圖死守。張弘範採用封鎖海口的辦法，切斷了宋軍淡水的來源，宋軍被困，取海水解渴，紛紛嘔吐，士兵們疲憊不堪。張弘範做了四面包圍的嚴密部署，一直等到副帥李恒從廣州趕來會師才發動了總攻。他目的在於消滅宋軍的有生力量，要一舉殲滅。二月初六早晨，張弘範大軍用炮石、火箭作掩護，插入宋軍艦隊主力之中，元軍跳上宋船後，短兵相戰，發揮北方軍隊的優勢，宋軍潰不成軍。宋左丞相陸秀夫抱著年僅七歲的宋帝趙昺投海而死。張世傑衝出重圍，準備招集舊部，找尋趙宗室後裔再圖恢復。元軍李恒的艦隊追至大洋，沒有追趕上。不幸張世傑遇到大風浪船翻了，全船的人都淹死在平章山下，南宋王朝的這幕亡國悲劇至此完全結束。

十月，張弘範班師還朝，朝廷上安排了不少慶功活動。忽必烈在內殿宴請這位百戰歸來的將領，為他洗塵，慰勞他的凱旋，是這一系列慶祝活動的頂峰。

由於張弘範不適應南方的氣候和水土等環境，加上又得了瘧疾，返回大都後不久就病倒了。忽必烈十分關心這位由前線歸來的勇士，

特命御醫前往護視，並規定每天要把張弘範的病情做專門的彙報。至
元十七年正月初十病卒，張弘範短促的一生，僅有四十三歲。死後元
朝追贈他銀青榮祿大夫，平章政事，諡武烈。

▌專家品析

　　從歷史的發展上看，蒙古滅金後，經過長達四十年的蒙宋戰爭，
終於由忽必烈重新奠定了全中國的統一，結束了分裂和割據的局面，
這是歷史前進的需要。中國作為多民族的國家，已有兩千年的歷史。
除漢族外，還有許多少數民族。因此，不應認為只有漢族才是當然的
統治民族，元朝是中國歷史上第一個少數民族統治全國的王朝，這是
歷史的事實。

　　張弘範為全國統一做出了貢獻，他在進軍中盡量減少破壞和屠
殺，在政治上支持忽必烈的漢化改革措施，拋棄蒙古舊制，堅持統
一，這都是有積極意義的。元朝建國，這個王朝促進了國內各民族間
經濟、文化的交流和邊疆的開發，初步奠定了中國疆域的規模，擴大
了中外交通，為科學技術的發展提供了條件。和腐朽軟弱的南宋來相
比，中國歷史是前進的。張弘範在這個開創時期的所作所為，對整個
元朝來說，對整個中國歷史來說，影響是具有深遠意義的。

▌軍事成就

　　張弘範為全國統一做出了貢獻，他在進軍中盡量減少破壞和屠
殺，在政治上支持忽必烈的漢化改革措施，拋棄蒙古舊制，堅持統
一，這都是有積極意義的。

43 北京保衛戰揚名，石灰吟民族英雄

—— 于謙‧明

生平簡介

姓　　名　于謙。

別　　名　廷益、節庵、於少保。

出 生 地　杭州錢塘（今浙江杭州）。

生 卒 年　西元一三九八至一四五七年。

職　　業　民族英雄。

主要成就　北京保衛戰。

名家推介

　　于謙（西元 1389-1457），字廷益，號節庵，官至少保，世稱於少保，漢族，明代名臣，民族英雄。天順元年被以「謀逆」罪冤殺。有《於忠肅集》傳於後世。于謙與岳飛、張煌言並稱「西湖三傑」。

　　于謙是我國明代傑出的政治家和軍事家，在明朝「土木堡」事件後明英宗被俘，蒙古軍趁勢南下想一舉殲滅明朝。于謙一個人堅持要抗爭到底，並且接受了抵禦外敵、保衛京城的重任，于謙調配全國的兵力，在他的指揮下最終打敗了瓦剌，保衛了京城。

▌名家故事 ────────

　　明朝英宗正統十四年，英宗朱祁鎮在宦官王振的慫恿下，率五十萬大軍親征瓦剌，結果在土木堡慘敗，英宗被俘。這就是歷史上著名的「土木之變」。之後，主戰的兵部尚書于謙請立英宗弟朱祁鈺為皇帝，尊英宗為太上皇。土木堡事變後一個半月，瓦剌也先再次出兵。瓦剌軍從紫荊關和白羊口兩路進攻京師的消息傳來後，朝廷大震。當天，北京全城戒嚴。十月初八，景帝下旨命兵部尚書于謙提督各營軍馬，統一指揮京城防衛。

　　十月十一日，隨著號角聲長鳴，瓦剌軍前鋒到達京師，並在西直門外列陣，擺開了要大戰一場的架勢。當日，于謙趁敵軍立足未穩，派都督高禮、毛福壽率軍出擊，明軍與瓦剌軍交戰於彰儀門城北，瓦剌軍大敗。明軍殺敵數百人，初戰告捷，軍威大振，人心振奮。

　　十月十三日，瓦剌軍到德勝門窺探明軍陣勢，于謙料知瓦剌軍將傾全力攻打德勝門，命石亨事先伏兵於道路兩側的空房中，只以小隊騎兵誘敵。瓦剌軍見狀來攻，明軍佯裝敗退，瓦剌軍精騎萬餘呼嘯追來，石亨率領伏兵截斷了瓦剌軍退路。當時已經是冬季，天氣寒冷，在這樣惡劣的天氣中，瓦剌軍和明軍雙方展開了激烈的戰鬥。明軍神機營的火炮、火銃一齊射擊，硝煙彌漫中，也先的弟弟孛羅、瓦剌部的「平章」卯那孩先後中炮而死，孛羅素有「鐵元帥」的稱號，他的死，對瓦剌軍士氣打擊很大。

　　進攻德勝門的瓦剌軍敗退後，轉攻西直門。明軍守衛西直門的是都督劉聚。他早有準備，背城列陣，前面是極深的一道壕溝，瓦剌軍剛一逼近，躲在壕溝後的明軍火器齊發，瓦剌軍攻勢受阻，見無法突破壕溝，只好往西而走。

　　此時西直門西邊的明軍是右都督孫鏜，孫鏜本來奉命率軍一萬，前往紫荊關禦敵，但軍隊還沒有開拔，紫荊關已經失守，孫鏜大軍便在北京城外駐紮。但此刻孫鏜駐紮在西直門外的大營不過五百多人，手下大部明軍都駐守在良鄉、涿州一帶，遠水解不了近渴。孫鏜見瓦剌敗大軍來到，親自率軍迎敵，斬瓦剌軍前鋒數人，瓦剌軍竟然被孫鏜五百人殺退，往北退去。

　　孫鏜見敵眾我寡，不敢追擊，退軍到西直門下，要求西直門守將打開城門，放他進去。此時西直門城上有都督王通和都御史楊善，不敢輕易做主。吏科給事中程信奉旨在西城監軍，堅持閉門不許孫鏜進城，以免給瓦剌軍以可乘之機。此時，瓦剌一隊人馬殺到，程信只下令從城上用槍炮遙擊瓦剌軍，為孫鏜助威助戰。

　　孫鏜見已經沒有退路，只好率軍與瓦剌在城下拚力血戰，瓦剌軍有數千人之多，數倍於孫鏜軍，敵強我弱，實力對比懸殊，眼見孫鏜就要不敵的時候，明都督高禮、毛福壽等率軍從南面趕來助戰。西直門外激戰更急，雙方混戰在一起廝殺。混戰中，孫鏜軍有些抵擋不住，被瓦剌軍四下圍住，明軍被逼著後退，戰陣漸漸逼近西直門城門。危急時刻，石亨與侄子石彪率援軍趕到，石亨的兵器是一把大刀，石彪則用一把巨斧做兵器，所向披靡，瓦剌軍領教了厲害，立即望風而逃。這時候已經是黃昏，天光漸暗，石亨下令收兵，沒有繼續追擊。

　　十月十四日，在德勝門和西直門遭遇失敗的瓦剌軍又進攻彰義門。于謙命副總兵武興、都督王敬、都指揮王勇率軍迎戰主動出擊。明軍前隊用神銃火器衝鋒，後隊用弓弩短兵跟進，挫敗了瓦剌軍的前鋒。但景帝派來的監軍太監想要爭功，領著數百騎馳馬搶前，明後軍因而陣亂。瓦剌軍乘勢反擊，總兵武興不幸中流矢而死，明軍受挫敗

退，瓦剌軍追擊明軍到土城，當地居民捨死忘生，登屋號呼，投磚石阻擊瓦剌軍。情勢危急之時，僉都御史王竑和副總兵高禮、毛福壽率領的援兵趕到，瓦剌軍倉皇撤退。

前幾次交鋒，均瓦剌軍大敗告終，然而，瓦剌軍元氣未失，集結在德勝門外土城關一帶的軍隊還有三萬之多。對於明軍而言，有當時世上無可比擬的火器優勢。

京城九門之中，以德勝門和西直門配置火炮的架數最多，火力也最強。于謙早就想炮轟德勝門外的瓦剌軍，不過因為英宗朱祁鎮在瓦剌軍中，因而有所顧忌。但突然傳來一個好消息，說也先的弟弟伯顏帖木兒已經護送英宗往西去了，于謙偵察核實後，立即下令開炮轟擊也先的大營。

十月十五日晚，炮聲震天，駐紮在城外的明軍都點起火炬，以免被城中炮火誤傷。明軍炮轟了一夜，聲勢驚人，瓦剌軍死傷上萬，其餘人分西、北兩路逃走，北路出居庸關，西路出紫荊關。

北路出居庸關的瓦剌軍大都順利逃脫，而西路的瓦剌軍就不是那麼順利了。明軍右都督孫鏜大軍正分佈在紫荊關的方向，大破也先瓦剌敗軍於涿州。剛好明軍宣化守將楊洪奉詔率軍兩萬趕來京師，在半路遇到被孫鏜打敗的也先瓦剌軍，又一場大戰，瓦剌軍潰敗。

北京保衛戰屆時幾個月，最後以瓦剌軍潰敗而結束，而指揮這次保衛京師戰鬥的于謙從此名滿天下，他處危不驚、指揮若定的氣度才能，成就了蓋世英名。

專家品析

　　北京保衛戰，在明朝歷史上乃至中國歷史上都佔有重要的地位。北京保衛戰，確保了明朝京師北京的安全，它粉碎了瓦刺也先圖謀中原的企圖，此後瓦刺很難再次組織起大規模的武力入侵行動。同時，北京作為抵抗瓦刺最重要的堡壘發揮著重要的作用，並形成了以北京為中心，以宣府、大同、居庸關為屏障的整體防禦體系，有效地抵禦了外族軍隊的侵擾，確保了內地人民正常的生產、生活。

　　北京保衛戰是一次壯舉，是于謙人生中的最亮點，因此，于謙成為中國歷史上最為著名的民族英雄之一。

軍事成就

　　于謙北京保衛戰，他臨危受命，親自指揮數十萬軍民進行了垂範青史的北京保衛戰，使明朝避免重蹈北宋覆轍，並促使英宗朱祁鎮順利南歸，從而取得了軍事上和民族關係上的重大勝利，書寫了中國歷史上輝煌壯麗的篇章。

44 抗倭寇名垂千古，
戰蒙古陣亡忠臣

—— 李如松‧明

▌生平簡介

姓　　名	李如松。
字	子茂；號仰城。
出 生 地	遼東鐵嶺衛。
生 卒 年	西元一五四九至一五九八年。
身　　份	將軍。
主要成就	平定寧夏叛亂、指揮抗倭援朝戰爭。

▌名家推介

　　李如松（西元 1549-1598），字子茂，號仰城，遼東鐵嶺衛人。在與蒙古部落的交戰中陣亡。死後，朝廷追贈少保寧遠伯，立祠諡忠烈。

　　他是明朝名將，指揮過萬曆二十年的平定寧夏哱拜叛亂、聞名世界的壬辰抗倭援朝戰爭，他的抗倭成就名垂千古。綜觀李如松一生用兵，深諳兵法，奇正相輔，一往無前，悍勇武威，狡計奇謀。平壤攻堅戰石破天驚，碧蹄館遭遇戰氣壯山河，龍山奇襲戰一劍封喉。

▌名家故事 ─────────

萬曆二十年四月，李如松臨危受命，出任提督陝西討逆軍務總兵官，統軍圍剿寧夏叛軍，這就是著名的「萬曆三大征」中的第一征。六月，李如松率平叛大軍抵達寧夏，七月，命明軍麻貴部出擊，擊敗蒙古得套部，追至賀蘭山，並將敵軍盡數逐出塞外，剪除了叛軍的外援。與此同時，各路援軍將寧夏城團團包圍。李如松在仔細觀察了地形和寧夏城防之後，下令決開黃河，水淹寧夏城。城內彈盡糧絕，軍心渙散，鬥志全無，叛軍失去外援，內部也發生了火拼。九月十六日，寧夏城防崩塌，李如松乘勢下令攻城，一舉攻入城內，至此，寧夏叛亂全部平息。

萬曆二十年十二月，明朝政府任命剛剛結束寧夏戰鬥的李如松為東征提督，統薊、遼、冀、川、浙諸軍東征抗倭。明軍在李如松的帶領下，誓師東渡參加了世界史上著名的壬辰抗倭援朝戰爭，這是「萬曆三大征」中的第二征。

東征大軍兵臨平壤城下，盤踞平壤的是日將小西行長指揮的侵朝日軍第一軍團。次日拂曉，明軍發起總攻，上百門火炮猛轟平壤城頭，炮火結束之後，明軍各攻城部隊吶喊著踏過結成堅冰的護城河撲向城下，槍林彈雨中數百架攻城梯架上城頭，平壤各門頓時陷入了激烈交戰。平壤日軍雖傷亡慘重，但在小西行長的親自督陣下仍然拼死抵抗，戰場形勢陷入白熱化狀態。

正午時分，一萬名化裝成朝鮮軍的明軍利用日軍的麻痺輕敵攻上城南的蘆門，砍倒了日軍軍旗，插上了明軍的旗幟，明軍不斷攀上城頭，歡呼聲響徹雲霄。一門失守，六門皆驚，城頭日軍的意志瞬間崩潰了，紛紛棄城而逃，隨後七星門也被明軍大炮轟塌，明軍騎兵如潮

水般衝進城內。日軍殘餘主力約九千餘人拼死突圍，借夜色掩護向城南殺去，日軍一路暢通無阻衝出城外，城南不遠就是大同江，時值隆冬，十里寬的江面全部冰封，日軍先頭騎兵部隊迅速通過，日軍大隊人馬喜出望外，爭先恐後的過江，一時間江面上佈滿了人群。

就在這時，早已隱蔽待命的明軍火炮突然開火，雨點般的炮彈落入過江的日軍人群裏，江面的冰層被明軍重炮炸開無數條口子，日軍頓時亂作一團，加上馬踏人踩，裂口越來越大，接著大面積崩塌，成群的日軍掉進冰冷刺骨的江水中，連呼救都來不及就順流沖到冰面下，僥倖逃上南岸的日軍驚魂未定，埋伏在南岸的明軍騎兵部隊已經等候多時了，驚駭萬狀的小西行長丟下大隊人馬，僅率輕騎部隊一路狂奔，沿途被明軍、朝鮮軍、朝鮮義軍連番追殺，最後總算在開城日軍的接應下撤回黃海道。

一五九三年，明軍的一支偵察部隊約三千騎兵在漢城郊區與日軍北上誘敵部隊加藤光泰部遭遇並爆發激戰，明軍大勝斬首六百餘級。加藤光泰敗退後，立刻報告了漢城日軍總部。隨後，日軍第六軍團主力、第三、第九軍團各一部共三萬六千餘人先後趕到戰場，他們認為這是明軍的大部隊，準備將這支明軍包圍在碧蹄館。

碧蹄館一晝夜交戰陣亡日軍將領高達十五員之多，日軍指揮官小早川隆景向高級指揮官豐臣秀吉彙報時聲稱打退了十萬「明軍鐵騎」的進攻，當時明軍在朝總兵力不過才四萬，明軍強大的戰鬥力極大震懾了日軍，使其徹底喪失了與明軍野戰的信心。十二萬日軍面對僅僅三萬多明軍竟然龜縮一團，不敢出戰，而明軍由於兵力有限，無法展開強攻，於是雙方在漢城一線展開對峙，一時間戰局似乎陷入了僵局，這種對峙局面很快就被李如松打破。

龍山大倉本為朝鮮國倉，積貯了朝鮮數十年的糧食，漢城被日軍

佔領後，龍山大倉就成為漢城日軍的軍糧庫，後來日軍運來的糧食都存於此地。李如松得到這一情報後，密令查大受和李如梅率敢死隊七百名勇士深夜奇襲龍山大倉。十三座大倉，數十萬石糧食，一夜間被燒的乾乾淨淨。夜襲龍山之戰，明軍僅以微小的代價就將十幾萬日軍置入絕境，李如松真是神將。

萬曆二十一年十二月，李如松回國述職，朝廷論功，加太子太保，中軍都督府左都督，遼東總兵官。萬曆二十六年四月，韃靼土蠻進犯遼東，李如松率輕騎追擊，與數萬韃靼騎兵遭遇，李如松率所部三千餘人浴血奮戰，陣亡於撫順渾河一帶，卒年五十歲。一代名將，血染沙場，馬革裹屍。萬曆皇帝追贈少保寧遠伯，立祠謚忠烈。

▌專家品析

萬曆三大征，李如松攻必克；戰必勝，綜觀李如松一生用兵，深諳兵法，奇正相輔，一往無前。平壤攻堅戰石破天驚，碧蹄館遭遇戰打的氣壯山河，龍山奇襲戰一劍封喉。

李如松不是一個與人為善的人，他桀驁不遜，待人粗魯，但這些絲毫無損於他的成就與功勳，因為他是一個軍人，一個智勇雙全、頑強無畏的軍人。在短暫的一生中，他擊敗了敵人，保衛了國家，他已經盡到了自己的本分。

▌軍事成就

李如松是明朝名將，指揮過萬曆二十年的平定寧夏哱拜叛亂、聞

名世界的壬辰抗倭援朝戰爭，出任遼東總兵，以其抗倭成就名垂千古，後在與蒙古部落的交戰中陣亡。

45 孤軍奮戰於寧遠，
大明英烈淩遲魂
—— 袁崇煥・明

▌生平簡介 ──────

姓　　名	袁崇煥。
字	元素；號自如。
出 生 地	廣東省東莞縣石碣鎮水南鄉。
生 卒 年	西元一五八四至一六三〇年。
身　　份	遼東巡撫、薊遼督師。
主要成就	寧遠大捷、寧錦大捷。

▌名家推介 ──────

　　袁崇煥（西元 1584-1630），字元素，號自如，廣東承宣佈政使司廣州府東莞縣石碣鎮水南鄉（今廣東省東莞市）人。明萬曆四十七年進士，明朝傑出的軍事家、政治家和文學家、文官將領。帶兵守衛山海關及遼東；指揮寧遠之戰、寧錦之戰。

　　他戎馬一生，為守衛明朝東北邊疆、抵禦清軍進攻，立下了赫赫戰功，不幸遭奸佞陷害，致使崇禎帝中了皇太極的離間計，錯殺袁崇煥，造成千古奇冤。

▌名家故事 ─────

明朝的遼河以東土地淪陷之後，後金與明朝繼續在遼西進行軍事上的爭奪。寧遠的守衛袁崇煥既得不到兵部尚書、薊遼經略高第的支持，又失去老師大學士韓爌和師長大學士孫承宗的支援，在關外城堡撤防、兵民入關的極為不利情勢下，率領一萬餘名官兵孤守寧遠，以抵禦後金軍的進犯。袁崇煥修建寧遠城完工不久，後金發動對寧遠的進攻，袁崇煥頂住遼東經略高第的巨大壓力，守孤城寧遠，進行保衛血戰。

正月十四日，努爾哈赤率諸王大臣，統領六萬大軍，號稱二十萬，進攻寧遠城。十七日，西渡遼河，八旗勁旅佈滿遼西平原，軍容強盛撲向寧遠。

袁崇煥駐守孤城寧遠，城中士卒不滿兩萬人。他鼓勵城中軍民：「死中求生，必生無死」，他面臨緊急態勢，上奏疏表決心：「誓與寧遠城共存亡。」

袁崇煥做了如下守城準備：制定兵略，憑城固守；激勵士氣，佈設大炮；整肅軍紀，以靜待動；重金賞勇，鼓勵士氣；防止逃兵，預先佈置。於是一場大戰迫在眉睫。

二十三日，八旗軍穿過寧遠城東五里處的首山與螺峰山之間隘口，兵近寧遠城郊。努爾哈赤命離城五里，橫截山海大路安營佈陣，並在城北紮設統帥大營。努爾哈赤在發起攻城之前，釋放被虜漢人回寧遠城，傳下汗旨，勸說投降，但遭到袁崇煥的嚴辭拒絕。

袁崇煥斷然拒絕努爾哈赤誘降之後，命令向城北後金軍大營施放西洋大炮，後金軍不敢留此駐營，將大營移到城西。努爾哈赤見袁崇煥既拒不投降，又發炮轟擊大營，命準備戰事工具，次日攻城。

　　後金兵推楯車，運鉤梯，步騎蜂擁進攻，萬矢齊射寧遠城上。在寧遠城上，明軍箭鏃如雨注，懸牌似蝟皮。明軍憑堅城護衛，既不怕城下騎兵猛衝，又能夠躲避箭矢射擊。後金集中兵力，攻打城西南角。明軍將官領兵堅守，祖大壽率軍應援。明軍用矢石、鐵銃和西洋大炮向下射擊，後金兵死傷累累，又轉向進攻南城。後金軍在城門角兩臺間火力薄弱處鑿城，明軍以城護炮，以炮衛城。後金兵頂著炮火的轟擊，用楯車撞城，冒著嚴寒，用大斧鑿城。明軍發矢鏃，擲礌石，飛火球，投藥罐。後金兵前仆後繼，冒死不退，前鋒挖鑿冰凍土城，鑿開高二丈餘的大洞三四處，寧遠城受到嚴重威脅。袁崇煥在嚴重危急關頭，身先士卒，不幸負傷。在城危之時，袁崇煥命官兵用蘆花、棉被裝裡火藥，起名為「萬人敵」，並選五十名精壯兵士用棉花火藥等物燒殺挖城牆的後金兵士兵。這一天，後金軍攻城，自清晨至深夜，屍體堆積城下如山，寧遠城也幾乎陷落。

　　二十五日，後金兵再傾力攻城，城上施放炮火，後金兵懼怕利炮，一波波的衝殺，留在城下大量的屍體。後金兵士一面搶走城下屍體，運到城西門外磚窯焚化，一面繼續攻城。但破城似乎成了無為的幻想，於是努爾哈赤下令收兵。

　　在寧遠處於危急時刻，遼東經略高第和總兵楊麒卻擁兵山海關不救。二十五日，後金軍繼續攻城，又遭到守城軍民英勇抗擊。精於騎射的八旗兵，在深溝高壘面前，矢石炮火之下難以發揮特長，傷亡甚眾，被迫撤軍。

　　寧遠之役，後金努爾哈赤為明軍炮彈擊傷。努爾哈赤原想出師寧遠城，後奪取山海關，不料敗在袁崇煥手下，當時袁崇煥四十三歲，初歷戰陣；努爾哈赤已六十八歲，久經沙場。努爾哈赤因此役失敗，於八月十一逝世。

努爾哈赤在寧遠遭到用兵四十四年來最嚴重的慘敗，明軍殺傷後
金軍一萬七千餘人，挫敗了努爾哈赤奪占遼西和山海關的企圖，是明
朝對後金作戰的一次重大勝利。寧遠之戰明軍獲得大捷，從而暫時緩
解了後金對大明王朝的戰爭壓力，袁崇煥的歷史功績是不可磨滅的。

▍專家品析 ————

當時，明軍裏有句老話叫，女真不滿萬，滿萬不可戰，可這句話
卻被一個叫袁崇煥的書生打破了，明朝實行文官帶兵的弱智制度，可
偏偏運氣好，趕上了袁崇煥這個天才軍事家。寧遠大戰一萬殘兵鬥敗
十三萬八旗鐵騎。

假如崇禎皇帝用人不疑，袁崇煥五年復遼並不是不可能實現的。
關寧鐵騎有不亞於滿清八旗的高素質騎兵隊伍，還有遠強於八旗的火
器裝備，其騎兵多數配備了火龍槍，並有數百門一流火炮，可謂是能
攻善守，盡管這支軍隊在數量上不如滿洲八旗，但如果明朝真能給袁
崇煥足夠時間將軍隊擴充，那必將錘煉出一支無敵天下的精銳。可歎
明朝皇帝自毀長城，遺恨千古。

▍軍事成就 ————

袁崇煥憑著永不衰竭的熱忱，一往無前的豪情，激勵了所有的將
士，將他的英雄氣概帶到了每一個部屬身上。他是一團熊熊烈火，把
部屬身上的血都燒熱了，將一群萎靡不振的殘兵敗將，練成了一支死
戰不屈的精銳之師。

46 抗倭寇民族英雄，
戚家軍後世褒炳

—— 戚繼光・明

姓　　名	戚繼光。
別　　名	南塘、孟諸。
出 生 地	山東微山魯橋鎮。
生 卒 年	西元一五二八至一五八八年。
身　　份	軍事家。
主要成就	創建著名的「戚家軍」、率領「戚家軍」掃平倭患。

▌名家推介 ───────

　　戚繼光（西元 1528-1588）字元敬，號南塘，晚號孟諸，漢族，山東登州人。明代著名抗倭將領、軍事家。

　　他一生率軍於浙、閩、粵沿海各地抗擊來犯倭寇，歷經十餘年，大小八十餘戰，終於掃平倭寇之患，被現代中國譽為民族英雄，卒諡武毅，世人稱其帶領的軍隊為「戚家軍」。他有多部軍事著作及詩作傳世，戚繼光紀念館現為福建省愛國教育基地。

名家故事 ─────

明初開始，倭寇對中國沿海進行侵擾，從遼東、山東到廣東漫長的海岸線上，倭寇經常侵擾，到處燒殺搶掠，沿海居民深受其害。倭寇長期為患，閩、浙沿海地區百姓民不聊生。

抗倭鬥爭中湧現出了戚繼光為代表的愛國將領，他們依靠百姓的力量，在抗倭鬥爭中屢建戰功，終於取得了抗倭鬥爭的勝利。戚繼光英勇善戰，屢立戰功，東南沿海倭患在他的抗擊下完全解除，他的軍隊被譽為「戚家軍」。

明代名將戚繼光不僅有一腔愛國熱情和戰場指揮才幹，還是一位銳意進取，他採取了對軍事制度一系列的改革，成為明朝後期衰敗陰暗局面中的一個亮點。

一五五五年，戚繼光就任浙江都指揮使，中國東部沿海正不斷受到倭寇侵犯。一股七十人的倭寇登陸後竟深入腹地行程千里，從浙東竄入安徽、江蘇，一路掠殺，最後這股倭寇雖然被殲，但明軍傷亡竟達四千人。

當時中國人口、財力和軍隊數量都超過日本多倍，倭寇還非正規軍，然而明軍幾十年間在沿海卻陷於被動挨打的局面。仔細分析這一反常現象，可以看出當時中日雙方在軍事組織和戰術上的差距。倭寇雖缺乏統一指揮，只以小股力量殺人越貨，卻體現出他們結構的嚴密、飄忽不定的狡詐戰法並配備了仿西洋火槍而製成的鳥銃，因而屢屢以少勝多。明朝軍隊量多而質差，偌大的明王朝，作戰的能力十分有限。

戚繼光奉命抗倭後，立即改革軍制，招募流亡農民和礦工，組建新部隊。這些士兵多受過倭禍之害，戚繼光以「保國衛民」訓導官

兵，同時嚴肅軍紀，採取了鴛鴦陣等新戰術，組織調度靈活。戚繼光還注重研究葡萄牙和日本的新式火器，仿製出鳥銃和「佛朗機」炮，從而使明軍進入了冷熱兵器混用的階段。軍制改革後，這支軍隊出現在浙東沿海戰場，抗倭形勢很快改觀。

嘉靖四十年，倭寇幾千人襲擊浙江臺州、桃渚、圻頭等地，戚繼光率部隊在人民群眾的配合支持下，先後九戰九捷，殲滅大量倭寇，取得了決定性的勝利。第二年，倭寇大舉進犯福建，官軍與倭寇相持一年多，大批新來的倭寇又互為聲援，使福建頻頻告急。戚繼光又率軍進入福建剿寇。戚繼光率軍攻下橫嶼，又乘勝攻下牛田，搗毀倭寇巢穴。倭寇逃向興化，戚繼光乘勝追擊，連夜作戰，連連攻克倭寇六十個營寨，斬首無數。戚家軍進入興化城，受到了百姓的熱烈歡迎。戚繼光回師福清，又殲滅登陸的倭寇兩百人。同時明朝將領也屢敗倭寇，盤踞在福建境內的倭寇幾乎被全部消滅。戚繼光返回浙江後，倭寇又大肆劫掠福建沿海，嘉靖四十一年底攻陷興化府城，在城中燒殺姦淫掠奪，無惡不作，盤踞兩個多月才棄空城退出，經岐頭攻陷平海衛，以此為巢四出騷擾，福建再次面臨倭患的威脅。明朝調新任福建總兵俞大猷和先期援閩的廣東總兵劉顯與戚繼光一道抗擊福建倭寇。

嘉靖四十二年四月，戚家軍再次進入福建。在攻擊平海衛倭寇的戰鬥中，戚家軍為中軍，擔任正面進攻，俞大猷為右軍，劉顯為左軍，從兩翼配合攻擊。二十一日，戚家軍以胡守仁部為前導分兵三路，以火器打亂了倭賊前鋒騎兵，乘勢發動猛攻，俞、劉二部從兩翼投入戰鬥，倭寇三面受敵，狼狽竄回老巢。三路明軍乘勝追擊，將敵人圍困於巢中，並借風火攻，蕩平了倭巢，此戰只用了四五個小時，殲倭兩千多人，解救被擄男女三千多人，明軍收復興化城。平海衛之戰後，戚繼光又率部消滅了原侵擾政和、壽寧的倭寇。嘉靖四十三

年，又相繼大敗倭寇於仙遊城下。其後戚繼光又在福寧大敗倭寇，並與俞大猷一起最後掃清了福建境內的倭寇。餘倭逃往廣東，至此，福建倭患基本平定。

倭寇的侵掠騷擾，給東南沿海地區的人民生活和社會經濟造成了極大的破壞。平定倭患，使人們能安居樂業，發展生產。在平定倭亂的過程中，明朝政府的一些官員認識到，「海禁」既不能限制私人海上貿易，也不能防止倭寇。反而驅使沿海居民走上武裝走私的道路，與倭寇內外勾結，為害頗大。嘉靖末年，比較有遠見的官僚，紛紛建議政府解除海禁，發展海上貿易。到明穆宗隆慶時，明政府開始取消「海禁」，准許對外通商。這無疑順應了社會經濟發展的趨勢，促進了正常的海上貿易和東南沿海商品經濟的發展。

▌專家品析 ──── ──

抗倭鬥爭的勝利，與廣大人民群眾的支持和其他抗倭將領的配合是密不可分的。戚繼光率領戚家軍實現了他的滅倭志向。在剿倭戰爭中，戚繼光身先士卒，與士兵同甘共苦；嚴格要求士兵，不准擾害百姓，做到兵民相體；在戰略戰術上，攻其無備，出其不意，進攻重點集中兵力打殲滅戰，發揮集體互助、長短兵器結合的機動、靈活、嚴密的作戰力量，有效地打擊敵人。這是戚家軍屢敗倭寇的重要原因，也是戚繼光和戚家軍留給後人的一份寶貴財富。後人追念戚繼光這位民族英雄的業績時，也會引出一些遺憾。從當時中日雙方的戰略態勢看，最有效地平定倭患應是建立一支實力勝於日本海盜的艦隊。然而明朝當權者承襲了農耕民族的保守觀念，缺乏海洋觀念，對付海上來

敵主要靠的是陸戰。試想，若是戚繼光的軍隊能指揮艦隊馳騁東海，
那後來的歷史也必將改寫。

▌軍事成就 ─────

　　戚繼光剿倭，先後蕩平福建、浙江等地倭寇，取得臺州、橫嶼，
平海衛、仙遊等戰役的勝利，在掃除東南沿海倭患戰鬥中作出很大貢
獻。戚繼光以捍衛邊疆為己任，屢克強敵，戰功卓著，有《紀效新
書》、《練兵實紀》、《止止堂集》等書傳世。

47 收復國土載史冊，海峽兩岸均樹碑

——鄭成功·明

生平簡介

姓　　名　鄭成功。

別　　名　鄭森。

出 生 地　日本九州平戶藩。

生 卒 年　西元一六二四至一六六二年。

身　　份　軍事家、政治家。

主要成就　驅逐荷蘭人、收復寶島臺灣。

名家推介

　　鄭成功（西元 1624-16662），漢族，明末清初軍事家，民族英雄。本名森，又名福松，字明儼，號大木，福建省南安市石井鎮人。

　　鄭成功一生，抗清驅荷，以趕走荷蘭殖民主義者、收復祖國領土臺灣的業績載入史冊，海峽兩岸均立像樹碑紀念。有《延平王集》傳世。

▌名家故事 ────────

　　明天啟四年，荷蘭殖民主義者侵佔中國臺灣，清初，鄭成功下決心趕走侵略軍。一六六一年陰曆二月，鄭成功率領眾將士在金門「祭江」，舉行隆重的誓師儀式，一切準備就緒，鄭成功親自率領海上作戰部隊，向臺灣挺進。

　　鄭成功率船隊冒著暴風雨橫渡海峽，他們同風浪搏鬥了半夜，於四月一日拂曉航行到鹿耳門港外。鄭成功換乘小船，由鹿耳門登上北線尾，並派出精良的潛水健兒進入臺江內海，偵察荷軍情況。

　　鄭成功軍隊一路駛入臺江，準備在禾僚港登陸。臺灣城上的荷軍原以為中國船隊必從南航道駛入，忙於用大炮攔截，未料到鄭成功卻躲開了火力，船隊從鹿耳門駛入臺江，在大炮射程之外，荷蘭侵略者面對浩浩蕩蕩的鄭軍船隊，頓時束手無策。在北線尾登陸的一支鄭軍，駐紮於鹿耳門，以牽制荷蘭侵略軍兵船，兼防北線。

　　鄭軍從禾僚港登陸紮營後，四月初三，在北路發生了北線尾陸戰。北線尾是一個不到一平方公里的沙洲，南端與臺灣城相對，北端臨鹿耳門航道，荷軍趁鄭軍剛剛登陸，率領二四〇名士兵，乘船沿臺江岸邊急駛北線尾，上岸後即分兩路向鄭軍反撲。

　　荷蘭海軍以僅有的兩艘戰艦和兩艘小艇阻擊鄭軍，鄭成功以六十艘大型帆船包圍荷蘭戰艦，荷艦「赫克托」號首先開炮，其他戰艦也跟著開火，鄭軍水軍個個奮勇爭先，經過激烈戰鬥，「赫克托」號被擊沉。其他戰艦企圖逃跑，又被鄭軍艦船緊緊包圍，鄭軍用五六隻大帆船尾追「格拉弗蘭」號和「白鷺」號，展開接舷戰、肉搏戰。英勇的鄭軍士兵冒著敵人的炮火爬上「格拉弗蘭」號，砍斷船靠，又用鐵鍊扣住敵艦船頭斜桅，放火焚燒。「格拉弗蘭」號和「白鷺」號受重

創挣脱逃跑，通信船「伯瑪麗亞」號戰敗後逃往巴達維亞。

荷蘭海、陸作戰均告失敗，赤嵌城和臺灣城已成為兩座孤立的城堡，相互間的聯繫完全割斷。鄭成功迫降赤嵌城後，為了牽制臺灣城荷軍，自四月初以來，雙方一直進行著零星戰鬥。鄭成功一方面積極準備攻城，鄭成功鑒於臺灣城城池堅固，強攻一時難以得手，為了減少傷亡，進一步做好準備，鄭成功三次寫信勸降，可駐守的荷軍仍幻想巴達維亞會派兵增援，拒絕投降。

七月二十一日，駐臺灣荷軍當局決定，用增援的艦船和士兵，把鄭軍逐出臺灣城市區，並擊毀停泊在赤嵌城附近航道上的鄭軍船隻，以擺脱被圍困境。荷軍分水、陸兩路向鄭軍發起進攻，海上，荷艦企圖迂迴鄭軍側後，焚燒船隻，反被鄭軍包圍，鄭水軍隱蔽岸邊，當敵艦闖入埋伏圈後，立即萬炮齊發。經過一小時激戰，擊毀荷艦兩艘，俘獲小艇三艘，荷軍其餘艦船逃往巴達維亞。陸上，荷軍的進攻同樣遭到失敗，此後，荷軍再也不敢輕易與鄭軍交戰。臺灣城的荷軍被圍數月，軍糧得不到補給，因而士氣低落，不願再戰。十月，荷蘭軍隊為了挽救行將滅亡的命運，企圖與清軍勾結，夾擊鄭成功軍，使者到福建後，清軍要求荷蘭人先派戰艦幫助他們攻打廈門，然後再解荷軍之圍，荷軍無可奈何，荷軍勾結清軍夾擊鄭軍的企圖完全落空了，士氣更加低落，不少士兵力求活命，陸續向鄭軍投降。鄭成功從俘虜中了解到荷軍的上述情況後，決定把對荷軍的封鎖戰術轉為進攻，在對方從巴達維亞和中國大陸獲得救兵之前，向熱蘭遮城堡的荷軍發起猛烈攻擊。

一六六二年農曆一月二十五日清晨，鄭成功下令炮轟烏特利支圓堡。在兩個小時內，鄭軍發射炮彈兩千五百發，在該堡南部打開了一個缺口，當天即佔領了該堡。鄭軍居高臨下，立即利用此堡改建炮

臺,向臺灣城猛烈轟擊。荷軍團守孤城,岌岌可危,在這種情況下,鄭成功派人入城勸降。荷蘭殖民評議會召開緊急會議,討論形勢及對策。臺灣城被圍已近九個月,荷軍死傷一千六百餘人,能參加戰鬥的士兵僅剩六百餘人,且已彈盡糧絕,疾疫流行,形勢已完全絕望。評議會認為:「如果繼續戰鬥下去,可怕的命運將降臨到每一個人頭上,而這樣堅持,對自己也沒有什麼好處。」於是在走投無路情況下,只得同意由評議會出面同鄭成功談判。經過會談,荷方「願罷兵約降,請乞歸國」。

一六六二年農曆二月一日,荷蘭駐臺灣長官揆一簽字投降,荷軍交出了所有在臺灣的城堡、武器、物資,包括傷病員在內的約九百名荷蘭軍民,最後由揆一率領,乘船撤離臺灣。

至此,荷蘭侵略者在臺灣三十八年的殖民統治宣告結束,寶島臺灣又回到祖國的懷抱。

▎專家品析 ─────

鄭成功親率戰艦一百二十餘艘,將士兩萬五千餘人,發動了收復臺灣的激烈海戰,荷蘭侵略軍被迫投降,被侵佔長達三十八年之久的臺灣終於重歸祖國懷抱。鄭成功收復臺灣後,開闢田園,從事生產,設立學校,發展文化,使臺灣的經濟文化得到迅速的發展。

鄭成功收復臺灣到現在已經三百年了。歷史事實證明:中國人民是有光榮的革命鬥爭傳統的,不管侵略者暫時多麼倡狂,玩弄任何陰謀詭計,但終究是要從我國領土上滾出去的。鄭成功的英雄事蹟和反抗外國侵略的愛國主義精神,將永遠是我們學習的榜樣。

▎軍事成就 ────────

鄭成功親率兩萬五千餘名將士，分乘幾百艘戰船，浩浩蕩蕩從金門出發。康熙元年初，侵略軍頭目被迫到鄭成功大營，在投降書上簽了字。至此，鄭成功從荷蘭侵略者手裏收復了淪陷三十八年的我國神聖領土臺灣。

48 抗沙俄赫赫戰功，
保邊疆滾滾煙塵

—— 薩布素・清

▋生平簡介 ─────────

姓　　名　薩布素。

出 生 地　黑龍江寧安縣。

生 卒 年　西元一六二九至一七〇一年。

身　　份　著名將領、軍事家。

主要成就　抗俄，保衛疆土、保家衛國。

▋名家推介 ─────────

　　薩布素（西元 1629-1701），清初寧古塔（黑龍江寧安縣）人。滿洲鑲黃旗人，行伍出身。中國清代康熙年間抗俄名將，薩布素為官數十年「忠直無隱」、「家無餘財」，堪稱一代廉將。

　　薩布素任黑龍江將軍達十八年之久，他不僅在抵抗沙俄侵略的鬥爭中建立赫赫戰功，而且還為建設中國東北邊疆作出了卓越貢獻。

▌名家故事 ————————

　　薩布素自幼熟讀《三國演義》、《孫子兵法》，喜歡騎馬射箭。少年時就同大人們一起參加圍獵，接受嚴格的軍事訓練。他勇略過人、為人正直，而且通曉文墨。

　　當時，沙皇俄國瘋狂侵佔中國北方領土，將魔爪伸向黑龍江流域，激起中國人民的強烈憤慨與反抗。清朝順治帝開始調兵遣將，組織抗擊。薩布素應徵入伍，奔赴前線。自一六五三年秋至一六五八年夏，他隨抗俄將領沙爾虎達轉戰黑龍江各地，參加了多次抗擊沙俄入侵的戰鬥。他英勇善戰，屢敗沙俄侵略軍，並被晉升為武職正六品的驍騎校。

　　康熙帝繼位後，薩布素積極推行康熙帝的移民政策，使邊境很多百姓免遭沙俄蹂躪，寧古塔地區抗俄士氣高漲。康熙十七年，薩布素晉升為寧古塔副都統。

　　康熙二十年，沙俄侵佔額爾古納河地區，強行在中國境內搶劫牲畜、毛皮，掠奪銀礦，修築城堡等，接著又出兵侵犯黑龍江下游地區，大肆燒殺搶掠，康熙授權薩布素統兵，前往黑龍江。他督勵將士，日夜修建城堡，構築工事。康熙二十二年，朝廷開始設置黑龍江將軍，康熙欽定任命薩布素為第一任黑龍江將軍。薩布素肩負重任，戍守黑龍江流域，整飭邊防，籌畫屯田，造船備炮，構築土牆，挖掘深壕，加固城堡，使邊境各城的抗禦能力得到極大的提高。他指揮軍隊，配合黑龍江兩岸各族百姓，掃平雅克薩周圍各個據點的俄軍，俄軍節節敗退，清軍士氣大振。

　　康熙二十二年至康熙二十三年，薩布素在當地少數民族的配合下，基本上肅清了黑龍江中下游的沙俄侵略軍。康熙二十四年，薩布

素奉命與郎談等率兵圍攻雅克薩城，雅克薩城本來是中國的領土，數次被沙俄佔據而拒不歸還，此次，俄國侵略軍首領托爾布津投降，被遣返回俄國。次年，托爾布津背信棄義，又率兵到雅克薩築城盤踞，薩布素帶兵到達雅克薩城下，大敗俄軍，托爾布津龜縮城中，不敢出戰，在清軍的圍困下，俄軍裏無糧草，外無救兵，孤城很快將被薩布素攻破，沙俄政府聞訊急忙派遣使臣，要求停戰，並聲明已派戈洛文為大使，前來同中國談判。康熙帝接受了俄國的要求，命薩布素撤出雅克薩。

康熙二十四年四月，薩布素率領清軍自璦琿城出發，水陸並進，又攻雅克薩。清軍二千多人將雅克薩城團團圍困起來，勒令沙俄侵略軍投降，托爾布津不理。八月，薩布素率軍開始攻城，托爾布津中彈身亡，改由杯敦代行指揮，繼續頑抗。八月二十五日，薩布素考慮到沙俄侵略者死守雅克薩，必待援兵，考慮到隆冬馬上來臨，俄軍艦船行動不便，他們的馬匹、糧草供應一定出現問題，於是在雅克薩城的南、北、東三面掘壕圍困，在城西河上巡邏，切斷守敵外援。侵略軍被圍困近半年，戰死病死很多，八百二十六名侵略軍，最後只剩六十六人。雅克薩城成了薩布素囊中之物，沙皇急忙向清政府請求撤圍，派遣使者議定邊界。康熙帝答應准許俄軍殘部撤往尼布楚。雅克薩反擊戰結束後，康熙二十八年夏，薩布素奉命率一千五百名清軍，駕船駛往尼布楚，參加中俄邊界談判。在談判過程中，薩布素向大清使團提供了黑龍江流域各種自然和歷史的準確情況，以及沙俄入侵的罪惡行徑，爭取了主動。中俄雙方於康熙二十八年七月二十四日簽訂了〈中俄尼布楚條約〉，規定以外興安嶺至格爾必齊河和額爾古納河為中俄兩國東段邊界，黑龍江以北，外興安嶺以南和烏蘇里江以東地區均為我國領土。

〈中俄尼布楚條約〉簽訂後，薩布素在邊境地區積極駐兵屯田，開發和保衛邊疆。康熙三十一年，奏請康熙帝建立齊齊哈爾及白都訥城。康熙三十四年，奏請在墨爾根（今嫩江縣）設立學校，並增派文武教官，教習孩子們學習，設立滿洲學房龍城書院，成為了黑龍江建學堂的開端。

康熙三十五年春，薩布素隨康熙帝征討葛爾丹，奉命為東路大軍總指揮，統領東三省八旗兵及科爾沁蒙古兵，從索岳爾齊山出發，攔截葛爾丹叛軍，薩布素統帥的大軍銳不可當，再次立下赫赫戰功。

由於官場上明爭暗鬥，薩布素回到黑龍江後，被人彈劾誣陷而降職，降職後一心治理齊齊哈爾地區水患，為當地的百姓所稱頌。康熙四十一年，薩布素因積郁成疾，卒於黑龍江將軍衙門，終年七十二歲。

▍專家品析 ————

薩布素遺骨移回祖籍時，正遇牡丹江水暴漲，薩布素靈柩不幸落水遺失。在他的出生地寧安城南月牙河旁，安葬一座他的「衣冠冢」，並立碑紀念。

當地百姓稱「衣冠冢」叫「將軍墳」。近年來。薩布素紀念碑被寧安縣文物管理部門移至渤海故宮博物館供人們瞻仰參觀，遊人們絡繹不絕，人們懷著崇敬的心情，緬懷薩布素將軍的一生，他是當之無愧的抗俄民族英雄，他的偉大業績，將永垂青史。

清《盛京通志》記載：（薩布素）任黑龍江將軍年久，經理地方事務，諳練明敏，深得軍民之心。其干羅剎及興建黑龍江學，時稱有

文武幹濟之才。

▌軍事成就 ─────────

　　薩布素治軍嚴明，深得民心。任黑龍江將軍歷時十八年，驅逐沙俄，開拓疆土，保家衛國，為鞏固東北邊防打下了堅實的基礎。修城築鎮，擴充兵源，發展生產，建學興教，發展城莊建設，促進了黑龍江地區經濟文化的發展，使璦琿、墨爾根、齊齊哈爾等城鎮迅速興起。

　　薩布素可以說是黑龍江省成立建省的最偉大的功臣之一，同時更是一位保衛疆土、保家衛國的一代民族英雄。

參考文獻

金開誠：《中國古代著名軍事家》（長春市：吉林文史出版社，2011年）

陳高春：《中國古代軍事文化大辭典》（北京市：長徵出版社，1992年）

湯昌和：《中國古代軍事思想》（保定市：河北大學出版社，1993年）

馬允倫：《中國古代軍事家故事》（上海市：少年兒童出版社，1990年）

寧夢辰：《中國古代軍事謀略》（瀋陽市：遼寧大學出版社，1985年）

昌明文庫・悅讀人物　A0603004

中華五千年軍事家評傳

主　　編	崔振明
責任編輯	蔡雅如
發 行 人	陳滿銘
總 經 理	梁錦興
總 編 輯	陳滿銘
副總編輯	張晏瑞
編 輯 所	萬卷樓圖書股份有限公司
排　　版	菩薩蠻數位文化有限公司
印　　刷	百通科技股份有限公司
封面設計	曾詠霓

出　　版　昌明文化有限公司

桃園市龜山區中原街 32 號

電話 (02)23216565

發　　行　萬卷樓圖書股份有限公司

臺北市羅斯福路二段 41 號 6 樓之 3

電話 (02)23216565

傳真 (02)23218698

電郵 SERVICE@WANJUAN.COM.TW

大陸經銷

廈門外圖臺灣書店有限公司

　電郵 JKB188@188.COM

ISBN 978-986-93560-0-8

2016 年 8 月初版

定價：新臺幣 380 元

如何購買本書：

1. 劃撥購書，請透過以下郵政劃撥帳號：

　　帳號：15624015

　　戶名：萬卷樓圖書股份有限公司

2. 轉帳購書，請透過以下帳戶

　　合作金庫銀行 古亭分行

　　戶名：萬卷樓圖書股份有限公司

　　帳號：0877717092596

3. 網路購書，請透過萬卷樓網站

　　網址 WWW.WANJUAN.COM.TW

大量購書，請直接聯繫我們，將有專人為您

服務。客服：(02)23216565 分機 10

如有缺頁、破損或裝訂錯誤，請寄回更換

版權所有・翻印必究

Copyright©2016 by WanJuanLou Books CO., Ltd.

All Right Reserved　　　　**Printed in Taiwan**

國家圖書館出版品預行編目資料

中華五千年軍事家評傳 / 崔振明主編. -- 初
版. -- 桃園市：昌明文化出版；臺北市：萬
卷樓發行, 2016.08

　　面 ；　公分. -- (昌明文庫.悅讀人物)

ISBN 978-986-93560-0-8(平裝)

1.軍事家　2.傳記　3.中國

590.992　　　　　　　　　　　105015448